高职高专“十二五”规划教材

建筑 CAD

主　编　田春德　王　铁　等
副主编　曹　帅　李美玲　等
主　审　杨继宏

北　京
冶金工业出版社
2014

内 容 简 介

本书共分 10 章，主要内容包括：建筑、结构施工图及 AutoCAD 绘图基础；建筑 CAD 基本绘图命令；建筑 CAD 编辑命令；文字注释与尺寸标注；建筑平面图绘制；建筑立面图绘制；建筑剖面图绘制；建筑详图绘制；结构施工图绘制；全国 CAD 技能等级考试问题解析。

本书可作为高职高专建筑类和相近专业“建筑 CAD”课程的教学用书，也可作为相关专业的参考书。

图书在版编目(CIP)数据

建筑 CAD / 田春德，王铁等主编. —北京：冶金工业出版社，2014. 12
高职高专“十二五”规划教材
ISBN 978-7-5024-6811-8

Ⅰ. ①建… Ⅱ. ①田… ②王… Ⅲ. ①建筑设计—计算机辅助设计—AutoCAD 软件—高等职业教育—教材
Ⅳ. ①TU201. 4

中国版本图书馆 CIP 数据核字（2014）第 280133 号

出 版 人　谭学余
地　　址　北京市东城区嵩祝院北巷 39 号　邮编　100009　电话　(010)64027926
网　　址　www. cnmip. com. cn　电子信箱　yjcbs@ cnmip. com. cn
责任编辑　俞跃春　美术编辑　杨　帆　版式设计　葛新霞
责任校对　李　娜　责任印制　李玉山
ISBN 978-7-5024-6811-8
冶金工业出版社出版发行；各地新华书店经销；三河市双峰印刷装订有限公司印刷
2014 年 12 月第 1 版，2014 年 12 月第 1 次印刷
787mm×1092mm　1/16；10. 75 印张；256 千字；159 页
28. 00 元

冶金工业出版社　投稿电话　(010)64027932　投稿信箱　tougao@cnmip. com. cn
冶金工业出版社营销中心　电话　(010)64044283　传真　(010)64027893
冶金书店　地址　北京市东四西大街46 号(100010)　电话　(010)65289081(兼传真)
冶金工业出版社天猫旗舰店　yjgy. tmall. com
（本书如有印装质量问题，本社营销中心负责退换）

前　言

本书是根据教育部最新制定的高职高专建筑类及相近专业“建筑CAD”课程教学基本要求编写的，编写中以岗位群职业能力要求为基础，对建筑CAD应用能力进行标准定位，注重能力目标的培养，以提高学生职业素质。通过学习，学生可以做到：第一具备基本绘图能力；第二掌握绘图技巧，提高绘图精度和速度；第三强化建筑平面图、立面图、剖面图、详图的绘制过程；第四具备查询管理能力。

本书在编写过程中，注重其实用性、适用性、系统性，以培养技能型人才服务为宗旨，体现建筑施工领域的“五新三型”基本原则，依据现行规范、标准，注重“以应用为目的”，“以就业为导向”，贯彻“以必需、够用为度”的精神，着重培养学生的操作能力及自主学习能力，力求体现培养技术应用型人才的根本任务。

本书由吉林电子信息职业技术学院田春德、王铁、王丹以及吉林星级创意建筑装饰工程有限公司王昊担任主编，吉林电子信息职业技术学院曹帅、李美玲、鹿雁慧、周莹以及吉林星级创意建筑装饰工程有限公司冯丹丹担任副主编。其中吉林电子信息职业技术学院田春德编写第5、10章，王铁编写第6、7章，王丹编写第8章，王昊编写第9章，曹帅、李美玲、冯丹丹、鹿雁慧、周莹编写第1、2、3、4章。王英丽、张立娟、张丹、王利利、黄越老师也参与了本教材的编写工作，分别在各章习题的制作及文字、图片编辑中做了大量的工作。全书由田春德老师负责统稿工作。

本书由吉林电子信息职业技术学院杨继宏教授主审。

因编者水平有限和编写时间仓促，书中难免存在缺点和错误，恳请读者批评指正。

编　者

2014年10月

目　录

建筑、结构施工图及 AutoCAD 绘图基础

学习目标

知识目标：

(1) 熟悉 AutoCAD 的工作环境；
(2) 了解建筑施工图、结构施工图的基本知识；
(3) 掌握图形文件的管理方法；
(4) 掌握设置和控制图层的方法；
(5) 掌握绘图辅助工具的使用。

能力目标：

(1) 能够完成新建、保存和打开图形文件的基本操作；
(2) 能够具备建筑施工图、结构施工图的识读能力；
(3) 能够对图层进行设置和管理；
(4) 能够利用绘图辅助工具精确绘图。

素质目标：

(1) 培养学生勤奋向上、严谨细致的良好学习习惯和科学的工作态度；
(2) 具有创新与创业的基本能力；
(3) 具有爱岗敬业与团队合作精神；
(4) 具有公平竞争的意识；
(5) 具有自学的能力。

1.1 建筑施工图与结构施工图的基础知识

一套完整的房屋建筑图样，一般包括图样目录、施工总说明、建筑施工图、结构施工图、设备施工图（含给水排水、采暖空调、电气）、装修施工图等，其中建筑施工图和结构施工图是设计人员必需熟练掌握的。

1.1.1 建筑施工图概述

建筑施工图是表示建筑物的总布局、外部造型、内部布置、细部构造、内外装饰、固定设施和施工要求的图样，大体由以下部分组成：建筑总平面图、施工总说明、图纸目录、门窗表、各层平面图、建筑立面图、剖面图、节点大样图及门窗大样图、楼梯大样图等。

1.1.1.1 建筑总平面图

将新建建筑物四周一定范围内的原有和拆除的建筑物、构筑物连同其周围的地形地物状况，用水平投影方法和相应的图例所画出的图样，称为建筑总平面图（或称平面布置图）。总平面图表示出新建房屋的平面形状、位置、朝向及周围地形地物的关系等。它是新建房屋定位、施工放线、土方施工及有关专业管线布置的依据。其包括内容如下：

（1）新建筑物：拟建房屋要用粗实线框表示，并在线框内用数字表示建筑层数。

（2）新建建筑物的定位：总平面图的主要任务是确定新建建筑物的位置，通常是利用原有建筑物、道路等来定位的。

（3）新建建筑物的室内外标高：我国把青岛市外的黄海海平面作为零点所测定的高度尺寸，称为绝对标高。在总平面图中，用绝对标高表示高度数值，单位为m。

（4）相邻有关建筑、拆除建筑的位置或范围：原有建筑用细实线框表示，并在线框内也用数字表示建筑层数。拟建建筑物用虚线表示。拆除建筑物用实线表示，并在其细实线上打叉。

（5）附近的地形地物，如等高线、道路、河流、池塘、土坡、水沟等。

（6）指北针和风向频率玫瑰图。

（7）绿化规划、管道布置。

（8）建筑物使用编号时，应列出名称编号表。

以上内容并不是在所有总平面图上都是必需的，视具体情况加以选择，如图1-1所示。

1.1.1.2 施工总说明

施工总说明主要针对在建筑施工图中未能详细表达出的有关内容，用文字加以说明。主要介绍工程性质、设计根据和施工提出的总要求。具体包括拟建工程项目名称、建筑结构类型、结构形式、总建筑面积、建筑的层数、建筑物的高度等；拟建工程的相对标高相对于绝对标高的关系；拟建工程有关的地质材料、气象材料等；还有门窗的油漆、墙面的颜色、工程做法的要求等。

1.1.1.3 图纸目录

图纸目录是了解建筑设计整体情况的目录，从中可以明确图纸数量、出图大小、工程号、建筑单位及整个建筑物的主要功能，若图纸目录与实际图纸有出入，必须同相关单位核对情况。

1.1.1.4 门窗表

门窗表内容包括门窗编号、门窗尺寸、做法及数量统计等，如图1-2所示。

1.1.1.5 建筑平面图

建筑平面图简称平面图，是建筑物各层的水平剖切图。它既表示建筑物在水平方向各

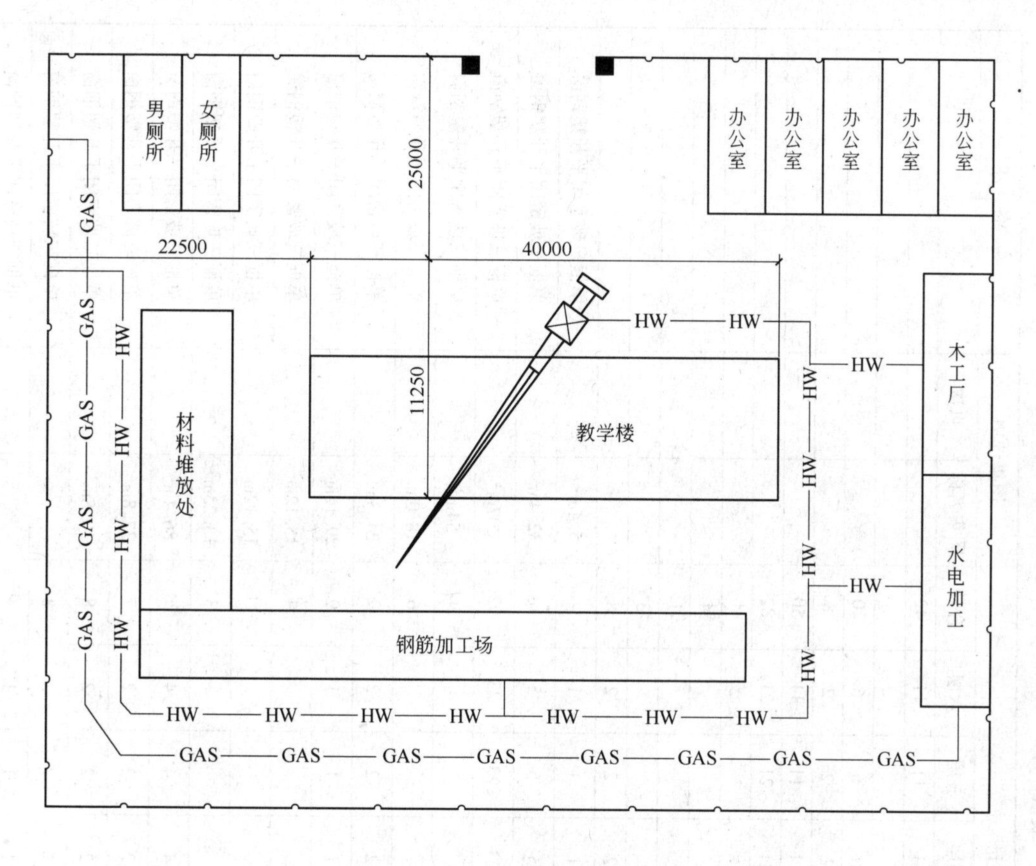

图 1-1 某教学楼建筑总平面图

部分之间的组合关系，又反映各建筑空间与围合它们的垂直构件之间的关系。其主要信息就是柱网布置及每层房间的功能、墙体位置、门窗位置、楼梯位置等，如图 1-3 所示。

1.1.1.6 建筑立面图

建筑立面图简称立面图，是与房屋立面平行的投影面上所作的房屋正投影图。它是对建筑立面的描述，反映房屋的外貌和立面装修的做法。其主要包括室外地面线、门窗等主要构件及其他装饰构件的标高及定位尺寸、层高、立面装饰材料等信息，如图 1-4 所示。

1.1.1.7 建筑剖面图

建筑剖面图简称剖面图，是用一个或多个垂直于外墙轴线的铅垂剖切面，将房屋剖开所得的投影图。剖面图的作用是表述建筑物内部的结构或构造形式、分层情况和各部位的联系、材料及其高度等，如图 1-5 所示。

1.1.1.8 大样图

大样图是针对某一特定区域（如形状特殊或连接较复杂的节点或部位）进行放大显示，

门　窗　表 (1号)

类型	设计编号	洞口尺寸/mm		数量							图集选用		备　注
		宽度	高度	一层	二层	三层	四层	五层	六层	合计	图集名称	页次	
防盗门	AFM1021	1000	2100			9	11	11	11	42			
保温防盗门	FDM1221	1200	2100			3				3			
丙级防盗门	FHM0618 丙	600	600			2	6	6	6	20			
	FHM1206 丙	1200	600			2	2	2	2	8			
装饰门	M0821	800	2100	7		9	11	11	11	50			
	M0921	900	2100			19	21	21	21	82			
	M1221	1200	2100	4						4			
白钢门	M2430	2400	3000	4						4			
	M2730	2700	3000	1						1			
	M3030	3000	3000	3						3			
门连窗	MLC1824	1800	2400			2	2	2	2	8			
塑钢窗	C0915	900	1500			1	1	1	1	4	$5.4\mathrm{m}^2$		单框三玻密闭平开塑钢窗
	C1215	1200	1500			3	5	5	5	18	$32.4\mathrm{m}^2$		单框三玻密闭平开塑钢窗
	C1515	1500	1500			23	23	23	23	92	$207\mathrm{m}^2$		单框三玻密闭平开塑钢窗
	C1518	1500	1800	5						20	$54\mathrm{m}^2$		单框三玻密闭平开塑钢窗
	C1521	1500	2100	6						6	$18.9\mathrm{m}^2$		单框三玻密闭平开塑钢窗
	C1815	1800	1500	1		2	2	2	2	9	$24.3\mathrm{m}^2$		单框三玻密闭平开塑钢窗
	C1818	1800	1800			1	1	1	1	9	$29.16\mathrm{m}^2$		单框三玻密闭平开塑钢窗
	C1821	1800	2100	4						4	$15.12\mathrm{m}^2$		单框三玻密闭平开塑钢窗
	C2118	2100	1800							11	$15.12\mathrm{m}^2$		单框三玻密闭平开塑钢窗
	C2121	2100	2100	3						3	$13.23\mathrm{m}^2$		单框三玻密闭平开塑钢窗
	C2418	2400	1800	2		4	4	4	4	20	$86.4\mathrm{m}^2$		单框三玻密闭平开塑钢窗
	C3018	3000	1800			1	2	2	2	7	$37.8\mathrm{m}^2$		单框三玻密闭平开塑钢窗
	SC0915	900	1500			2	2	2	2	8	$10.8\mathrm{m}^2$		单框三玻密闭平开塑钢窗
	SC1815	1800	1500			2	2	2	2	8			单框三玻密闭平开塑钢窗
	SC1818	1800	1800			1	1	1	1	4			单框三玻密闭平开塑钢窗

图 1-2　门窗表

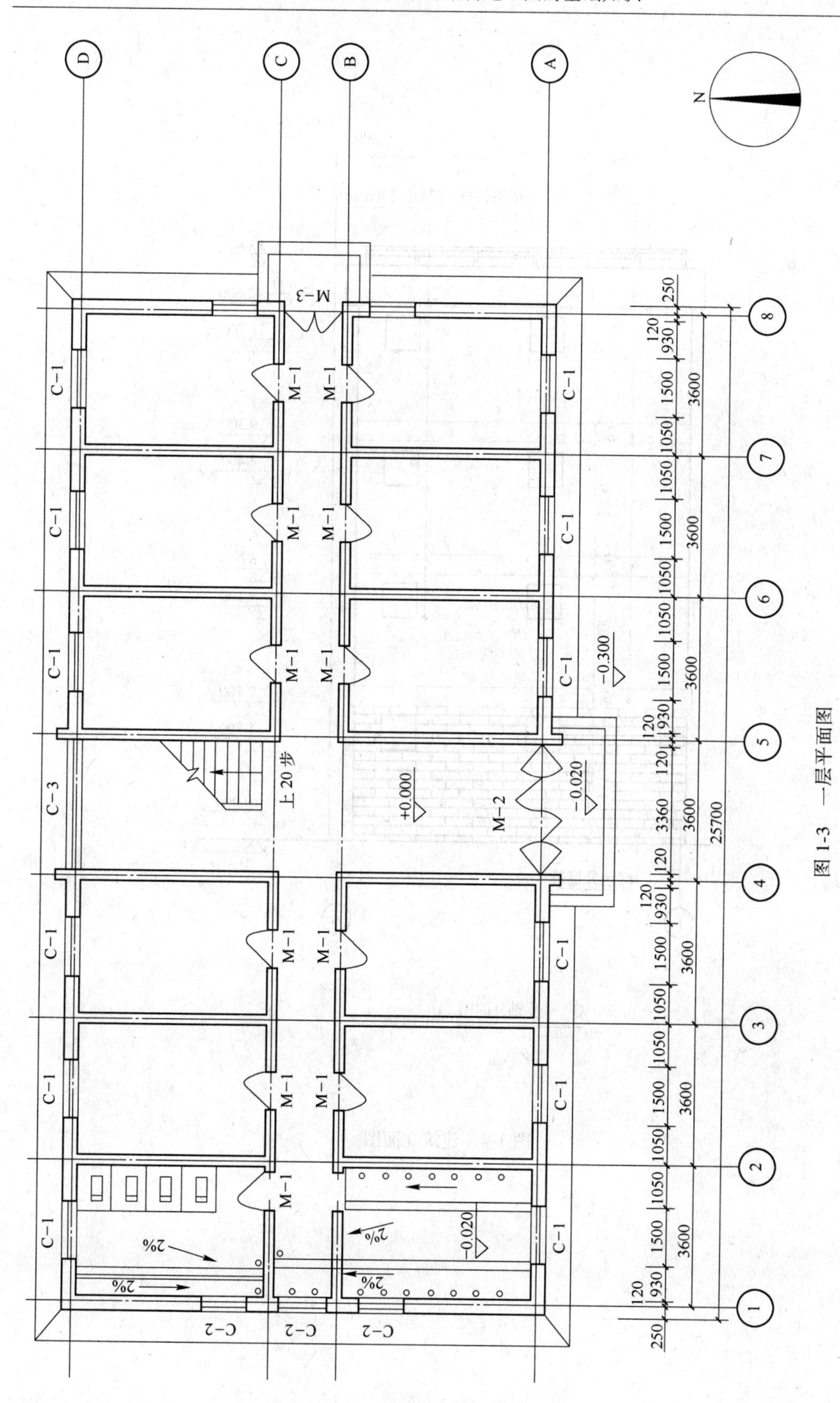

A
B
C
D
N
1
2
3
4
5
6
7
8
C-1
C-2
C-3
M-1
M-2
M-3
上 20 步
+0.000
-0.020
-0.300
2%
250
120
930
1500
1050
3360
3600
25700

图 1-3 一层平面图

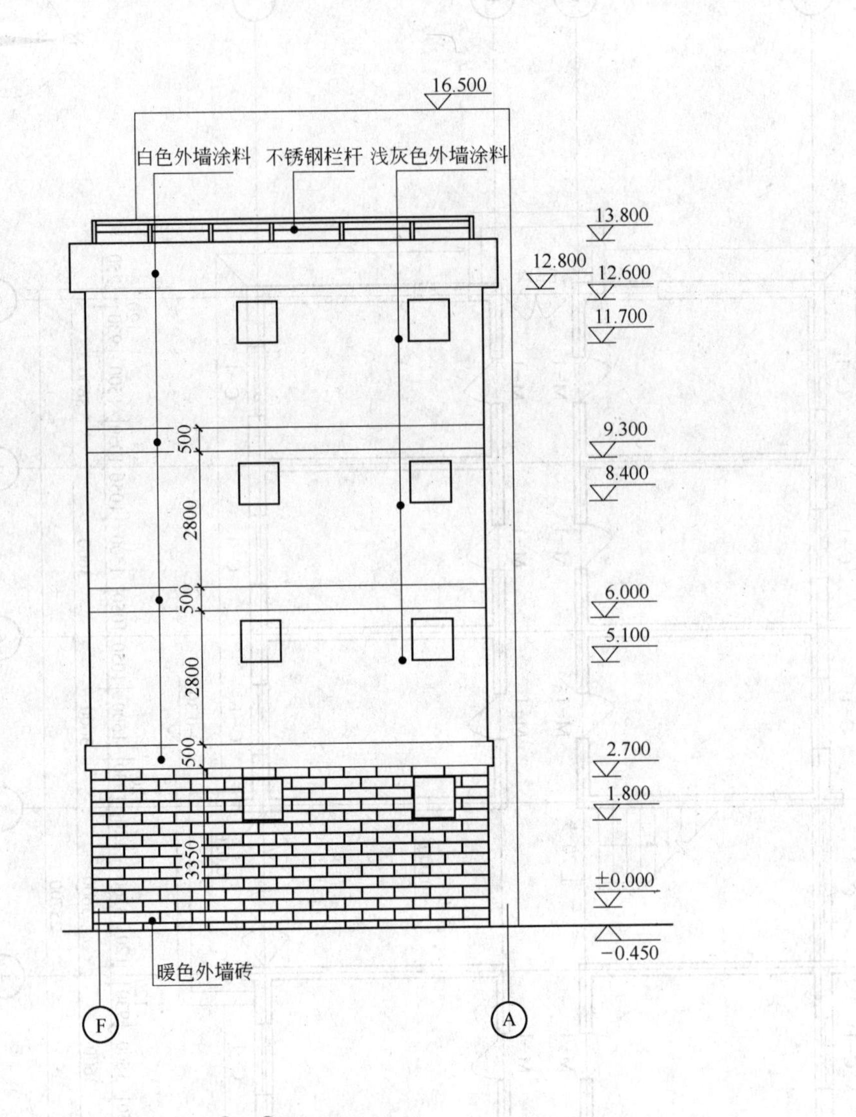
16.500
白色外墙涂料
不锈钢栏杆
浅灰色外墙涂料
13.800
12.800
12.600
11.700
500
9.300
8.400
2800
500
6.000
5.100
2800
500
2.700
1.800
3350
±0.000
-0.450
暖色外墙砖
F
A
Ⓕ～Ⓐ轴立面图
1:100

图 1-4　建筑立面图

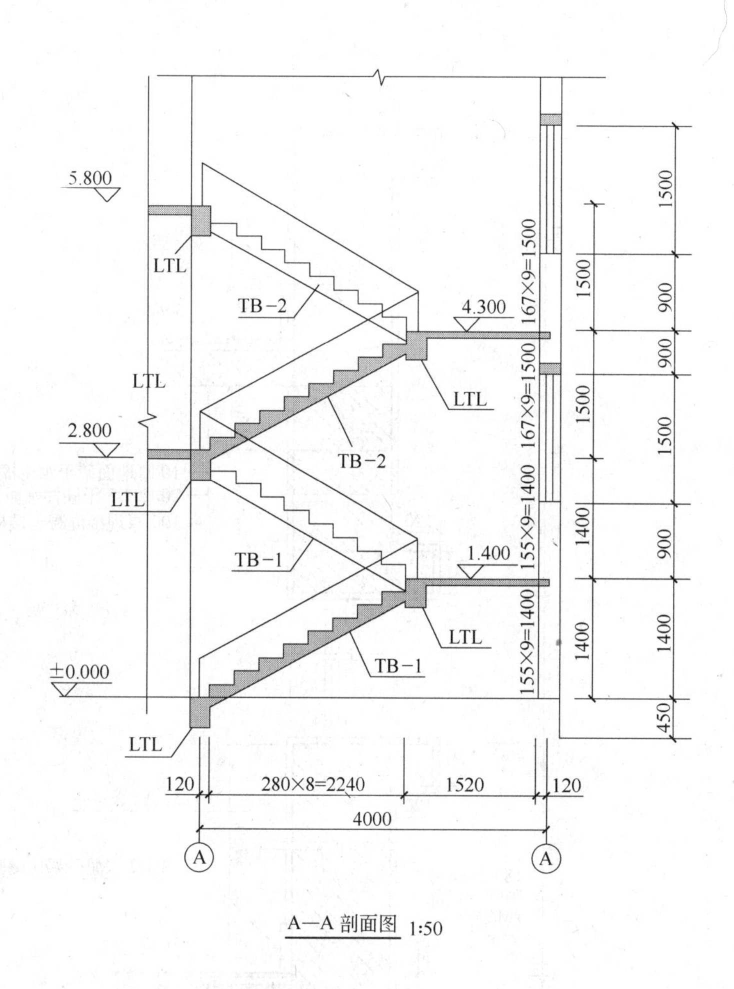

图 1-5　建筑剖面图

以较详细地表示出该区域。大样图可以清晰地表述建筑物的各部分做法，以便施工人员准确施工，避免发生错误，如图 1-6 所示。

1.1.2　结构施工图概述

结构施工图是根据房屋建筑中的承重构件进行结构设计画出的图样。结构设计时要根据建筑要求选择结构类型并进行合理布置，通过力学计算确定构件的断面形状、大小、材料及构造等。结构施工图必须与建筑施工图密切配合，不能相互矛盾。

结构施工图与建筑施工图一样，是施工的依据，主要用于放灰线、挖基槽、支撑模板、配钢筋、浇筑混凝土等施工过程，也是计算工程量、编制预算和施工进度计划的依据。结构施工图一般由结构设计说明、结构平面图、构件详图三部分内容组成。其中，结构平面图包括基础平面图、楼层结构平面图、屋面结构平面图，如图 1-7、图 1-8 所示；构件详图包括梁、板、柱及基础结构详图和楼梯结构详图，如图 1-9 所示。

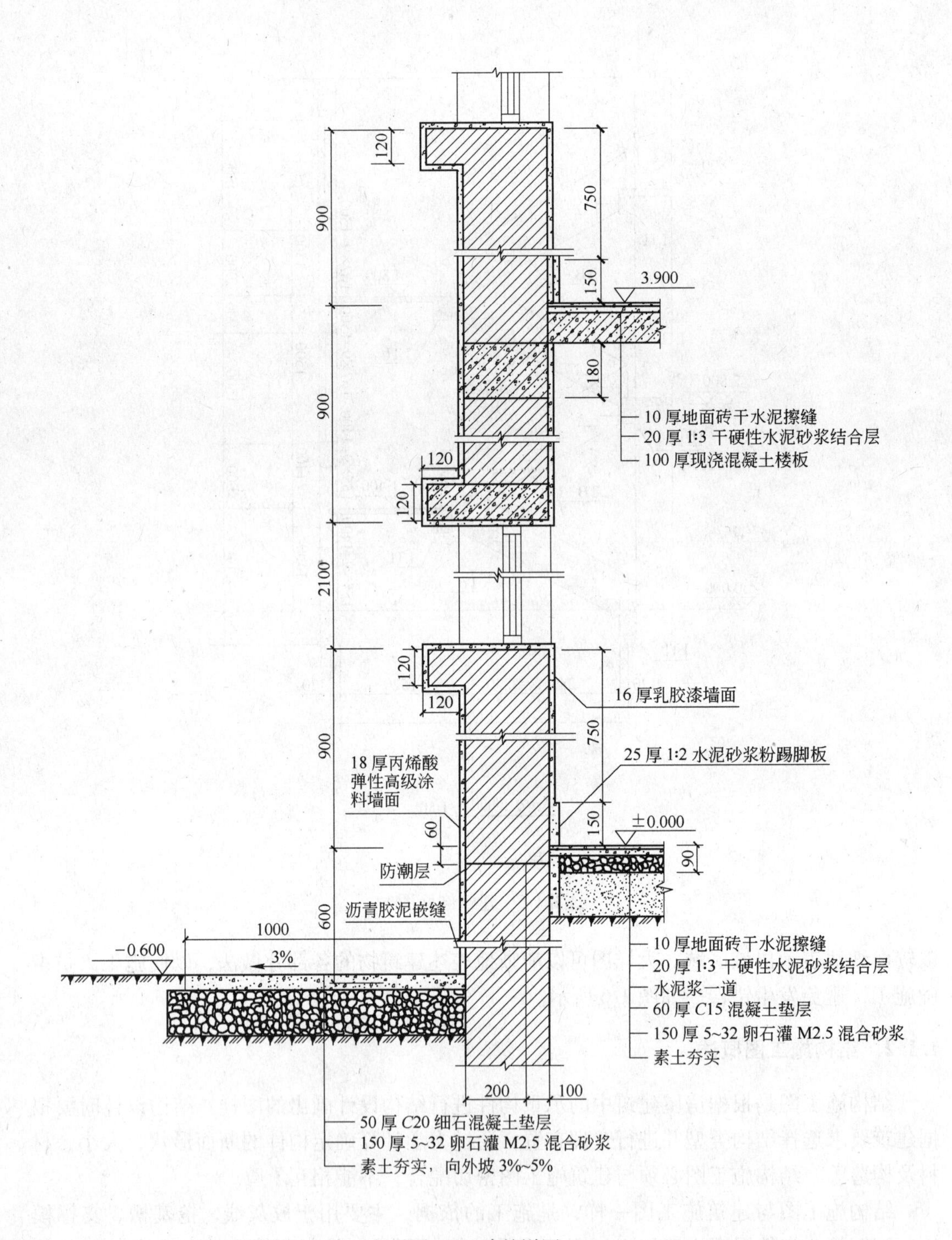

3.900
120
750
900
150
180
900
120
120
2100
120
120
16 厚乳胶漆墙面
750
900
25 厚 1:2 水泥砂浆粉踢脚板
18 厚丙烯酸
弹性高级涂
料墙面
60
150
±0.000
90
防潮层
沥青胶泥嵌缝
600
1000
−0.600
3%
200
100
10 厚地面砖干水泥擦缝
20 厚 1:3 干硬性水泥砂浆结合层
100 厚现浇混凝土楼板
10 厚地面砖干水泥擦缝
20 厚 1:3 干硬性水泥砂浆结合层
水泥浆一道
60 厚 C15 混凝土垫层
150 厚 5~32 卵石灌 M2.5 混合砂浆
素土夯实
50 厚 C20 细石混凝土垫层
150 厚 5~32 卵石灌 M2.5 混合砂浆
素土夯实，向外坡 3%~5%

图 1-6　建筑详图

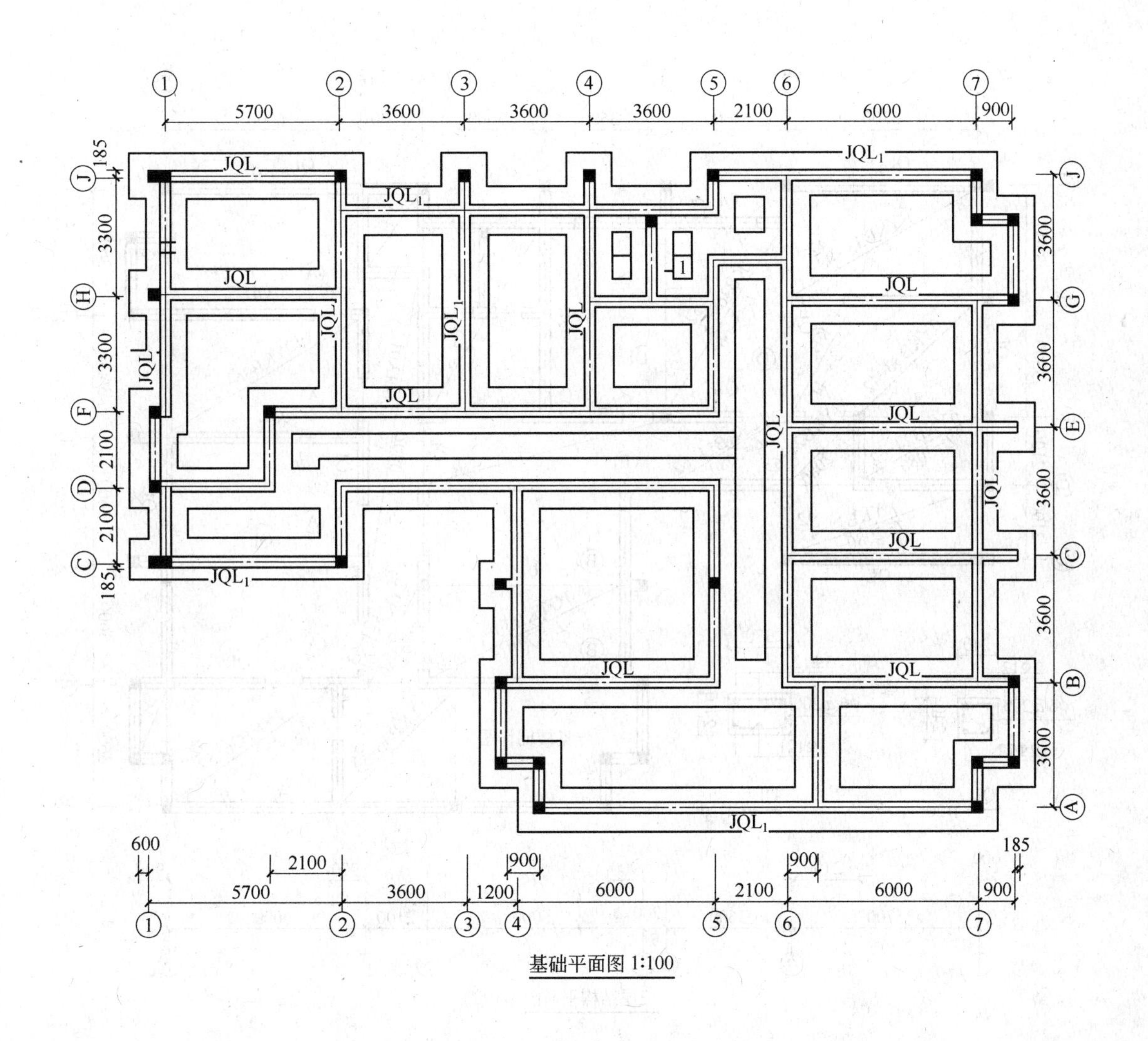

图 1-7　条形基础平面图

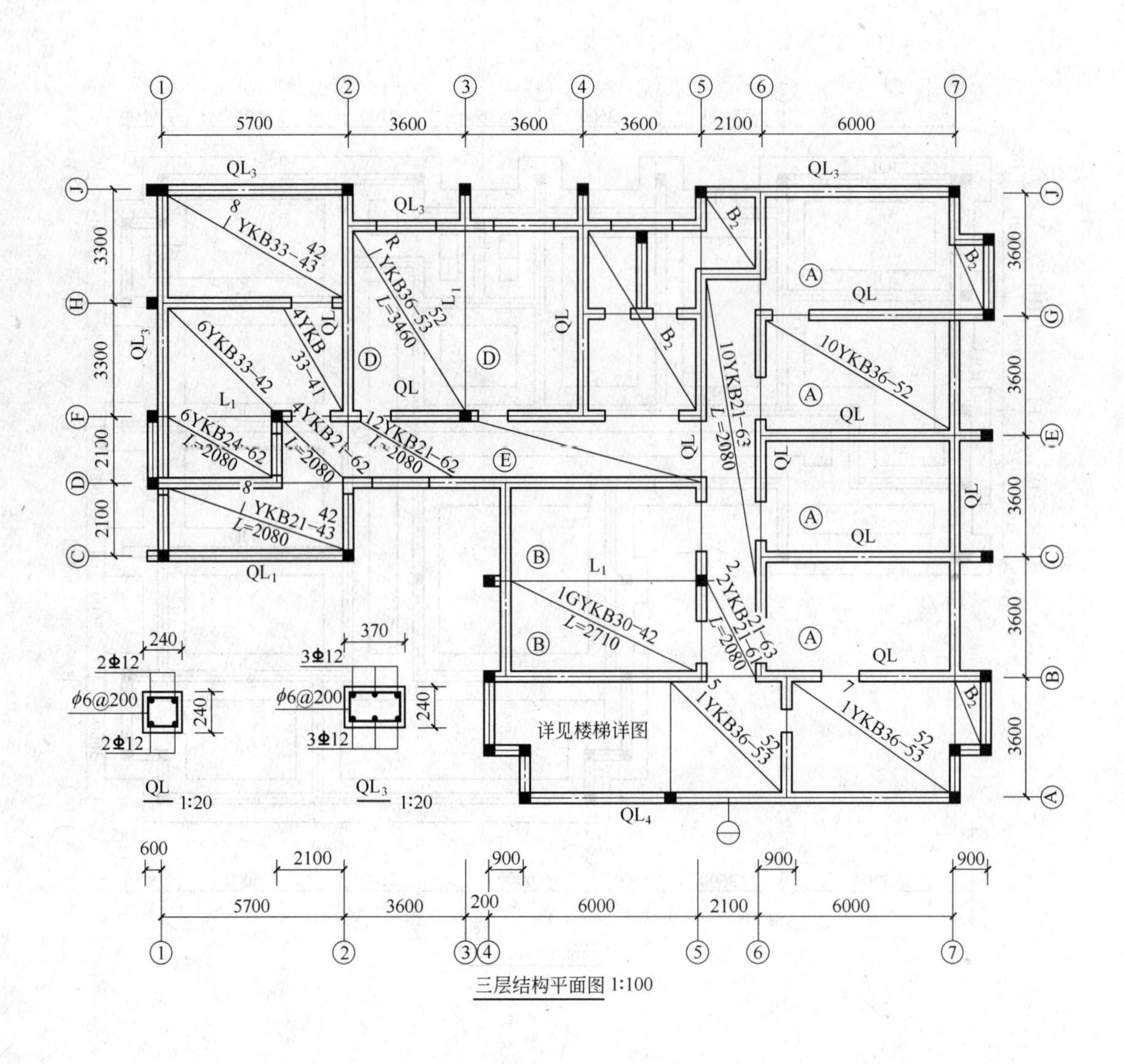

图 1-8　某办公楼三层结构平面图

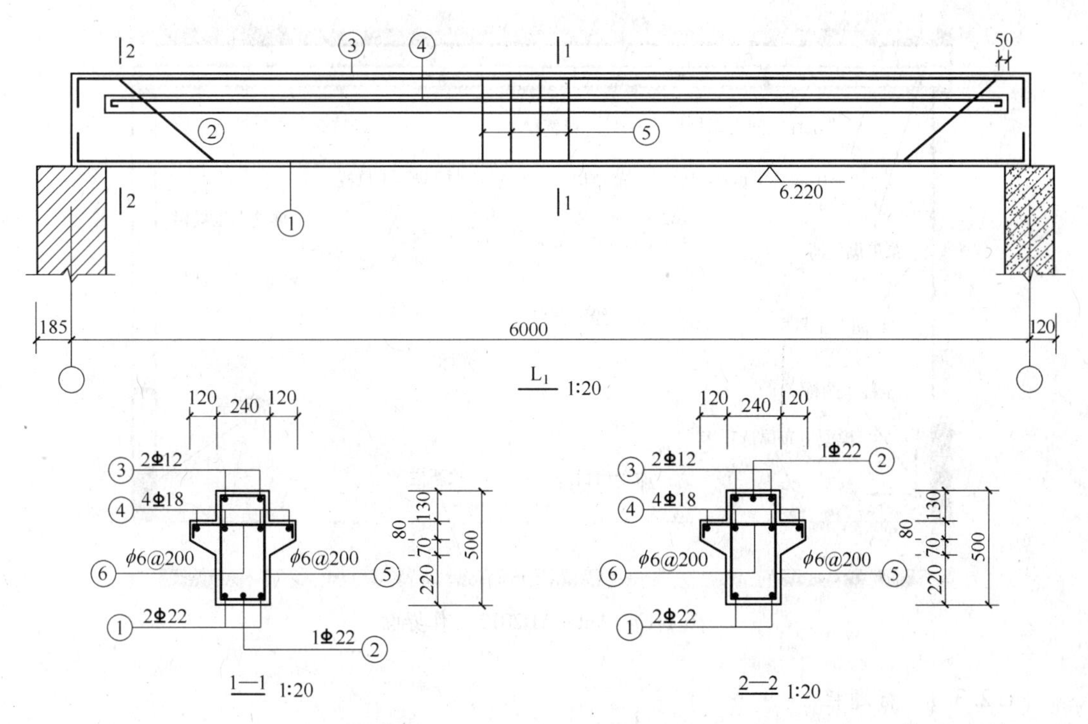

图 1-9 钢筋混凝土梁结构详图

1.2 AutoCAD 工作界面

掌握 AutoCAD 绘制建筑施工图和结构施工图，首先要熟悉 AutoCAD 的绘图工作界面。

1.2.1 AutoCAD 的启动

（1）双击 Windows 桌面上 AutoCAD2012 图标。

（2）单击 Windows 任务栏上的“开始”→“程序”→“Autodesk”→“AutoCAD2012-Simplified Chinese”→“AutoCAD2012”一系列命令。

（3）在已安装 AutoCAD2012 软件的情况下，通过双击已建立的 AutoCAD 图形文件（* dwg），即可启动 AutoCAD2012 并打开文件。

1.2.2 AutoCAD 的退出

（1）单击 AutoCAD 界面右上角的“关闭”按钮，退出 AutoCAD 程序。

（2）通过执行 AutoCAD 界面上的“开始”按钮→“退出”命令，退出 AutoCAD 程序。

（3）在命令行中输入“QUIT”，退出 AutoCAD 程序。

1.2.3 AutoCAD2012 的用户界面

AutoCAD2012 的经典工作界面由标题栏、菜单栏、各种工具栏、绘图区、命令窗口、状态栏等组成，如图 1-10 所示。

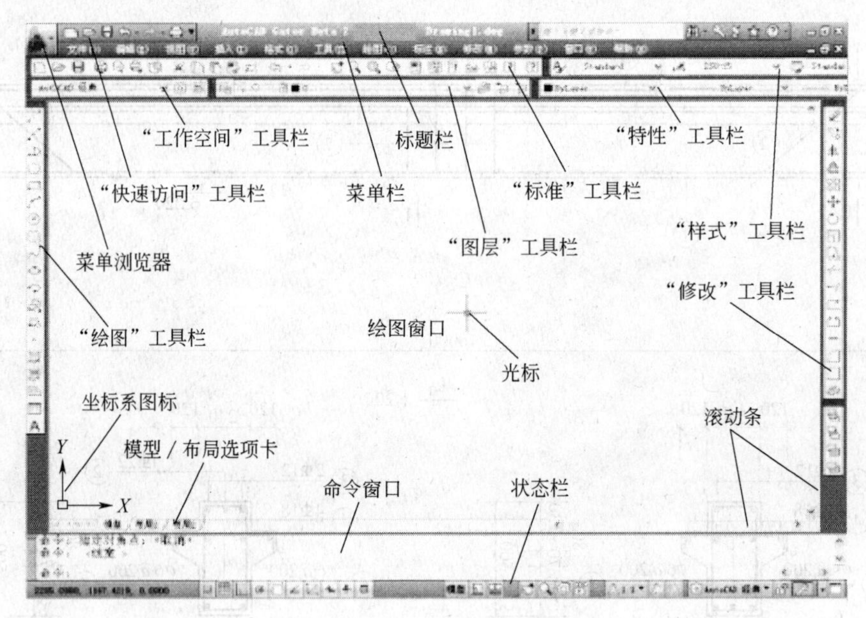

图1-10　AutoCAD2012工作界面

1.2.3.1　标题栏

标题栏位于绘图操作的界面的最上方，用来显示AutoCAD2012的程序图标和当前正在执行的图形文件的名称，该名称随着用户所选择图形文件的不同而不同。在文件未命名前，AutoCAD2012默认设置为Drawing1、Drawing2、…

1.2.3.2　菜单栏

AutoCAD2012的菜单栏中主要包含了绘图命令及各种功能选项，它位于标题栏的下方，单击菜单选项，会显示出相应的下拉菜单。AutoCAD2012下拉菜单有以下3种类型：

(1) 右边带有小三角形的菜单项，表示该菜单后面带有子菜单，将光标放在上面会弹出它的子菜单。

(2) 右边带有省略号的菜单项，表示选择后将会弹出一个对话框。

(3) 选择右边没有任何内容的菜单项，可以直接执行一个相应的AutoCAD命令，在命令提示窗口中显示出相应的提示。

1.2.3.3　工具栏

AutoCAD2012提供了40多个工具栏，每一个工具栏上均有一些形象化的按钮。单击某一按钮，可以启动AutoCAD的对应命令。

用户可以根据需要打开或关闭任一个工具栏。其方法为：在已有工具栏上点击鼠标右键，AutoCAD弹出工具栏快捷菜单，通过点击可实现工具栏的打开与关闭。此外，通过选择与下拉菜单“工具”→“工具栏”→“AutoCAD”对应的子菜单命令，也可打开AutoCAD的各工具栏。

1.2.3.4　绘图区

AutoCAD2012 绘图区是显示、绘制和编辑图形的区域。左下角是坐标系图标，表示当前绘图所使用的坐标系的形式以及坐标方向等。根据用户需要该图标可以打开或关闭。十字光标由鼠标控制，十字线的交点为光标的当前位置。AutoCAD 光标用于绘图、选择对象等操作。

A　如何改变绘图窗口颜色

改变绘图窗口颜色步骤如下：

（1）执行“工具”→“选项”命令，弹出“选项”对话框。

（2）单击“显示”标签，打开“显示”选项卡，如图 1-11 所示。

（3）在“窗口元素”选项区域中单击“颜色”按钮，弹出如图 1-12 所示的图形窗口颜色。

（4）在“颜色”下拉列表中选择自己所需的颜色后，单击“应用并关闭”按钮。

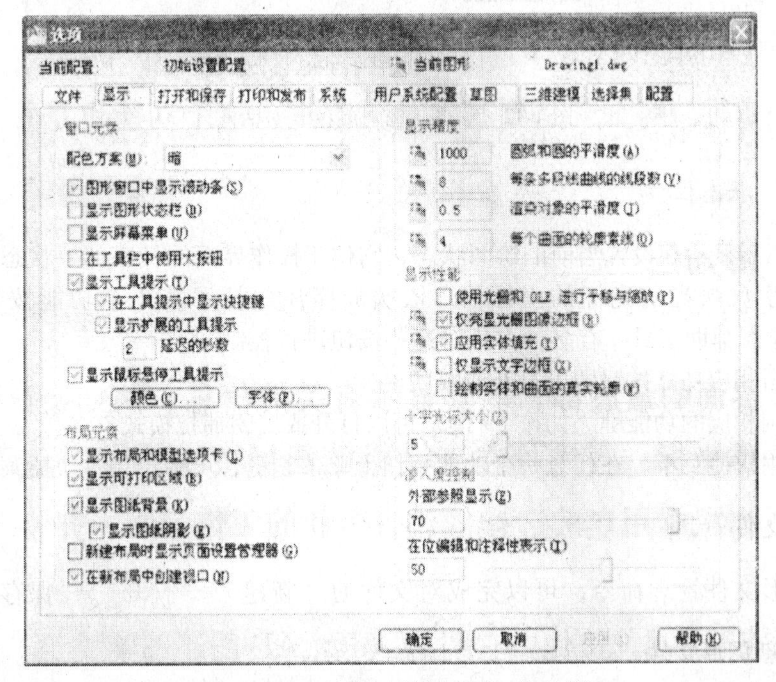

图 1-11　“选项”对话框中的“显示”

B　如何改变十字光标大小

在显示选项卡中右侧位置拖动“十字光标大小”选项区域的滑块，或在文本框内直接输入所需数值，可对十字光标的大小进行调节，然后单击“确定”按钮。

1.2.3.5　命令窗口

命令窗口是 AutoCAD 显示用户从键盘键入的命令和显示 AutoCAD 提示信息的地方。命令窗口中的行数可以改变，将光标移至命令窗口上边框处，光标变为双箭头后，拖动鼠标左键即可。将光标移至该窗口左边框处，光标变为箭头，单击并拖动到原位置即可。

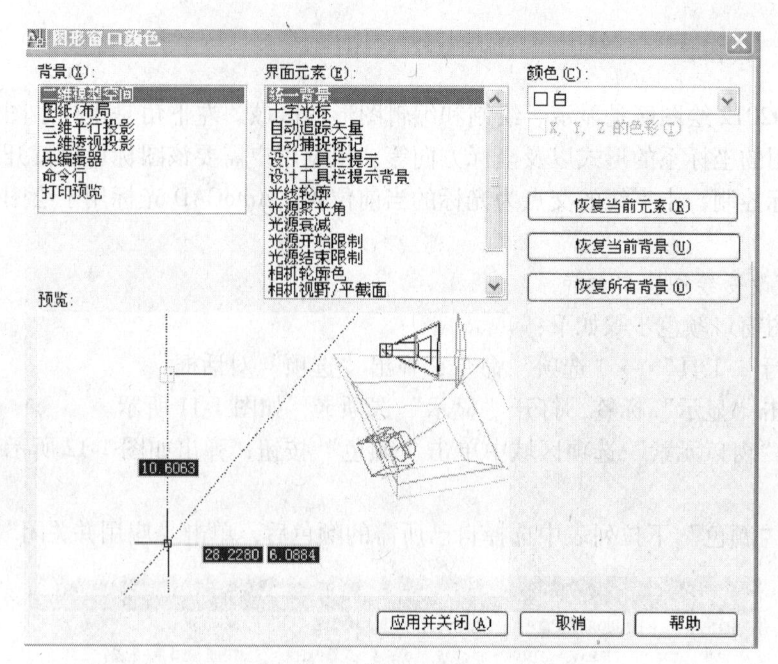

图 1-12　“图形窗口颜色”对话框

1.2.3.6　状态栏

状态栏用于显示和设置当前的绘图状态，它位于操作界面的最底部。状态栏上位于左侧的一组数字反映当前光标的坐标值，依次顺序还包括了若干个功能按钮，它们是 AutoCAD 的绘图辅助工具，有多种方法对这些按钮进行控制。

（1）单击相应功能按钮即可打开或关闭。

（2）使用相应的功能键。如按 F9 键，可以打开或关闭捕捉模式。

（3）使用快捷菜单。在任意一个功能按钮上单击右键，可弹出相关快捷菜单。

1.3　图形文件管理

执行图形文件管理命令，可以完成对文件的“新建”、“打开”、“保存”等操作。

1.3.1　建立新图形文件

建立新图形有多种执行方式：

（1）标准工具栏中，单击“新建”按钮。

（2）快速访问工具栏中单击“新建”按钮。

（3）菜单栏中执行“文件”→“新建”命令。

（4）命令行：输入“NEW”或键盘输入（Ctrl+ N）。

通过使用以上任何一种方式操作后，系统都会弹出如图 1-13 所示“选项样板”对话框，选择对应的样板后（初学者一般选择样板文件 acadiso. dwt 即可），单击“打开”按钮，就会以对应的样板为模板建立一个新图形文件。

图 1-13　“选择样板”对话框

1.3.2　打开已有图形文件

打开已有图形有多种执行方式：

（1）标准工具栏中，单击“打开”按钮。

（2）快速访问工具栏中单击“打开”按钮。

（3）菜单栏中执行“文件”→“打开”命令。

（4）命令行：输入“OPEN”或键盘输入（Ctrl+ O）。

通过使用以上任一种方式操作后，系统会弹出一个“选择文件”对话框，如图 1-14 所示。在对话框中，可以直接输入文件名，打开已有文件，也可在列表框中双击需打开的文件。

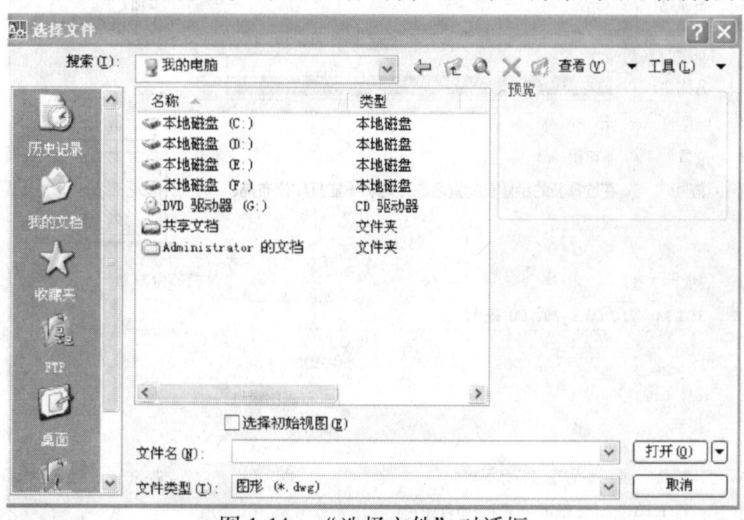

图 1-14　“选择文件”对话框

1.3.3　保存图形文件

保存图形有多种执行方式：

(1) 标准工具栏中，单击“保存”按钮。

(2) 快速访问工具栏中单击“保存”按钮。

(3) 菜单栏中执行“文件”→“保存”命令。

(4) 命令行：输入“SAVE”或键盘输入（Ctrl+ S）↵。

通过使用以上任一种方式操作后，系统会将当前图形直接以原文件名存盘。

如果为了备份图形文件或保存为另外文件名则可执行如下方式：

(1) 菜单栏中“文件”→“另存为”。

(2) 命令行：输入“SAVEAS”或是（Ctrl+ Shift +S）↵。

通过此命令能在打开的“另存为”对话框中改名，并将现有 AutoCAD 图形以新的名字存盘。

1.3.4　图形输出操作

图形输出有多种执行方式：

(1) 标准工具栏中，单击“打印”按钮。

(2) 快速访问工具栏中单击“打印”按钮。

(3) 菜单栏中执行“文件”→“打印”命令。

(4) 命令行：输入“PLOT”或键盘输入（Ctrl+ P）。

AutoCAD 软件系统图形输出功能启动后，系统会弹出一个“打印-模型”对话框，如图 1-15 所示。对话框的设置操作后，单击“确定”按钮，就开始了图形的输出操作。

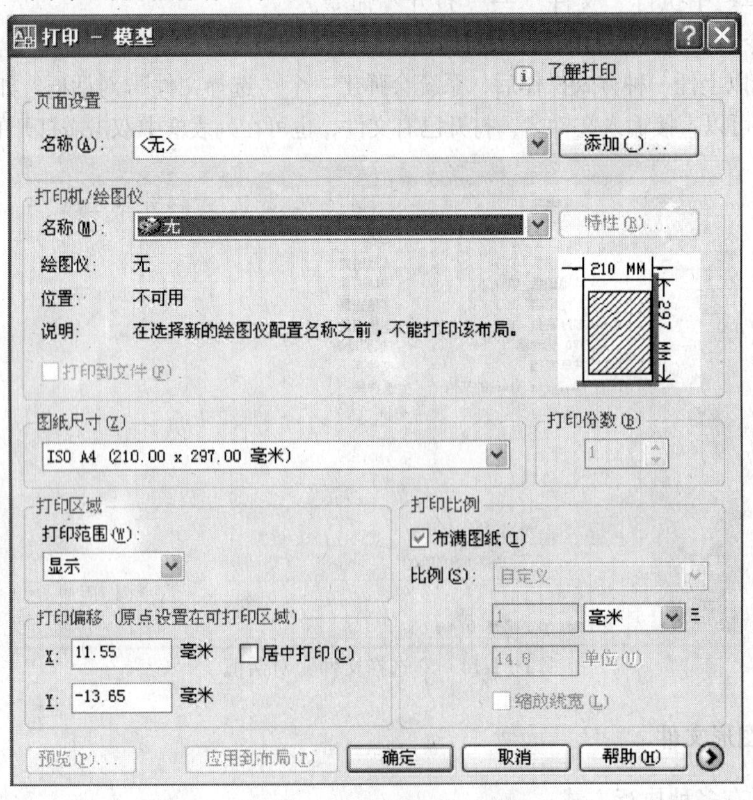

图 1-15　“打印-模型”对话框

1.4　图层设置与管理

图层是图形绘制中使用的重要组织工具，可以使用图层将信息按功能编组以及执行线型、颜色、线宽或其他标准等。在AutoCAD中，图层相当于绘图中使用的重叠图纸，一个完整的CAD图形通常由一个或多个图层组成。AutoCAD把线型、线宽、颜色等作为对象的基本特性，用图层来管理这些特性。

在图纸绘制过程中，应按步骤进行绘图。那么在AutoCAD中该如何体现这些步骤呢？可以把图层看做是图纸绘制过程中使用的“透明图纸”，先在“透明图纸”上绘制不同的图形，然后将若干层“透明图纸”重叠起来，就构成了最终的图形，如图1-16所示。

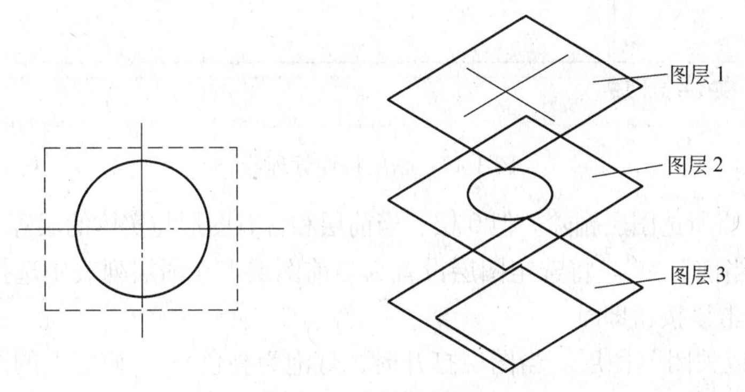

图1-16　图层的概念

1.4.1　设置图层特性

在绘制图形之前需要先在“图层特性管理器”对话框中进行图层新建以及设置等，这样便于编辑和管理图形文件。通过设置图层可改变图层的线型、颜色、线宽、名称、打开、关闭以及冻结、解冻等特性，极大地提高绘图速度和效率。

图层特性管理器有如下打开方式：

（1）命令行中：“LAYER”或“LA”命令之后回车。

（2）菜单中执行“格式”→“图层”命令。

（3）点击图层工具栏中图标。

使用以上任何一种方式操作后，系统都会弹出如图1-17所示的图层特性管理器对话框。

新建图层后，对图层进行关闭或冻结等操作，可以隐藏该图层上的对象。关闭图层后，该图层上的图形将不能被显示或打印。冻结图层后，AutoCAD不能再被冻结图层上显示、打印或重生成对象。打开已关闭的图层时，AutoCAD将重画该图层上的对象。解冻已冻结的图层时，AutoCAD将重生成图形并显示该图层上的对象。关闭而不冻结图层，可避免每次解冻图层时重新生成图形。对图层进行不同操作，可达到不同的目的，如：

（1）“新建图层”。单击该图标，就可创建新图层，该名称处于选定状态，用户可以直接输入一个新图层名称。

（2）“删除图层”。在对话框中的图层列表中选中要准备删除的图层对象，然后单

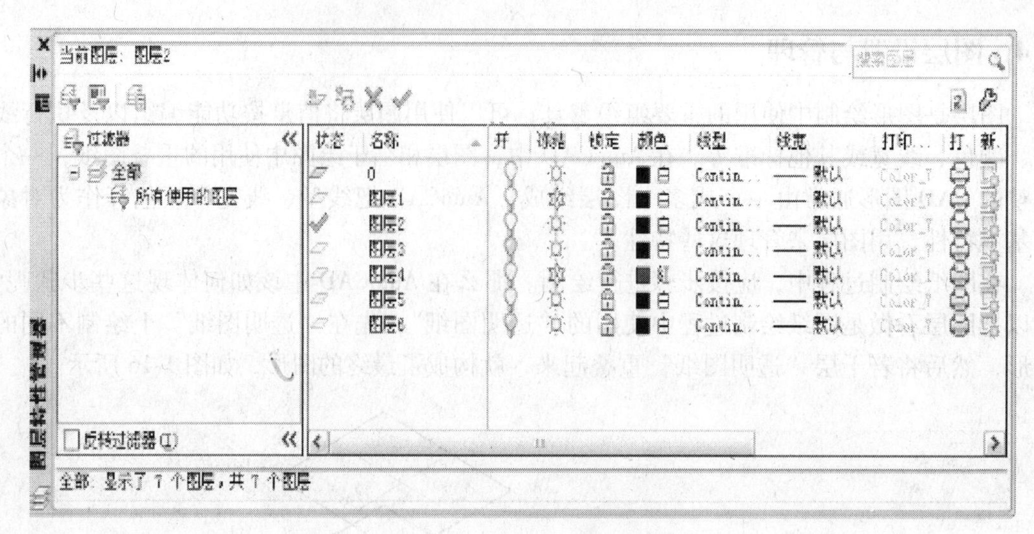

图 1-17　图层特性管理器

击按钮，即可将所选图层删除。但 0 层、当前层和含有图形与实体的层等不能被删除。

（3）“置为当前”。将选定图层设置为当前图层。在图层列表中选择需要设置为当前的图层，再单击该按钮即可。

（4）“打开或关闭”图层。当图层打开时，灯泡为亮色，该层上的图形可见，可以进行打印；当图层关闭时，灯泡为暗色，该层上的图形不可见，不可进行编辑或打印。

（5）“冻结或解冻”图层。图层被冻结时为雪花图标，该图层上图形不可见，不能进行编辑或打印等操作；当图层解冻后，为太阳图标，该层上图形可见，可恢复操作。不能冻结当前层，也不能将冻结层改为当前层。

（6）“锁定或解锁”图层。图层被锁定时，图标为，该层上的图形仍可以显示，可不能被编辑，但仍可以在锁定层上绘制新图形；当图层解冻后图标为，该层上的图形可以编辑。

1.4.2　设置图层颜色

通过图层为图形对象指定颜色，可以方便、直观地将对象进行编组。图层的颜色实际上是图层中图形对象的颜色，每个图层都拥有自己的颜色，对不同的图层既可以设置相同的颜色，也可以设置不同的颜色。设置图层颜色，可通过以下两种方式：

（1）在“图层特性管理器”对话框中选中指定颜色图层，单击“颜色”图标后弹出“选择颜色”对话框。如图 1-18 所示。

（2）在菜单栏中点击“工具”→“选项板”→“特性”后弹出“特性”选项卡，在“常规”选项区域的“颜色”下拉列表中选择需要的颜色。如图 1-19 所示。

1.4.3　设置图层线型

线型是图形基本元素中线条的组成和显示方式，如虚线、中心线等。在绘图过程中要用到不同类型和样式的线型，选用每种线型要根据制图国家标准，它们在图形中所代表的含义不同。

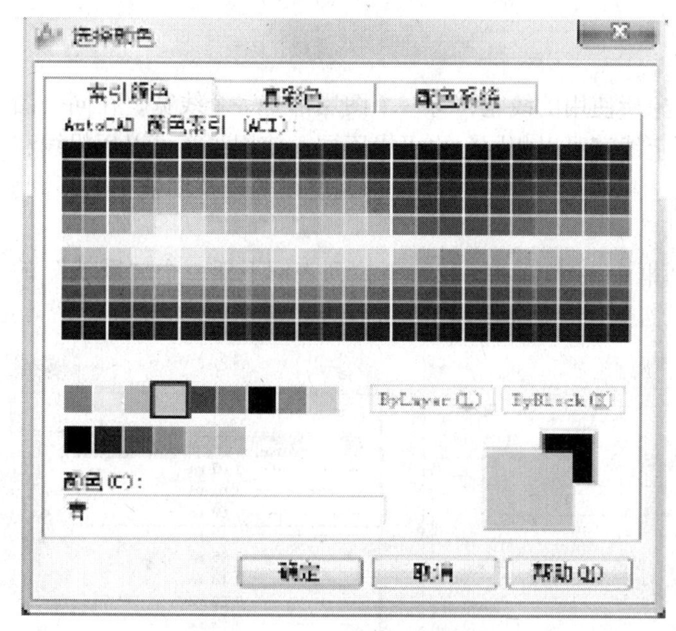

图 1-18 “选择颜色”对话框

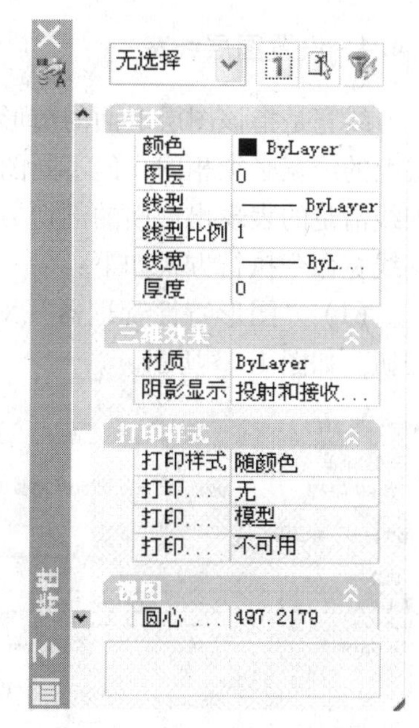

图 1-19 “特性”选项卡

线型命令执行方式包括：

（1）“图形特性管理器”对话框中，单击“线型”下拉列表框下任一个“Continuous”的按钮。

（2）命令行中：输入“LINETYPE”命令之后回车。

通过执行以上命令后，可打开“选择线型”对话框。如图 1-20 所示。在“选择线型”对话框中，单击“加载”按钮，将会弹出“加载或重载线型”对话框，从中可选择要加载的线型并加载。如图 1-21 所示。

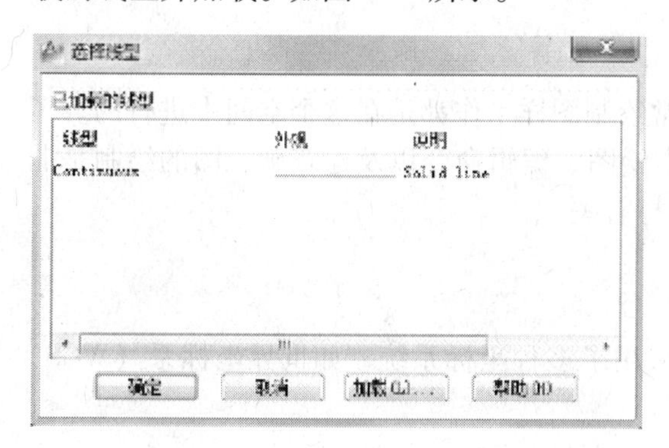

图 1-20 “选择线型”对话框

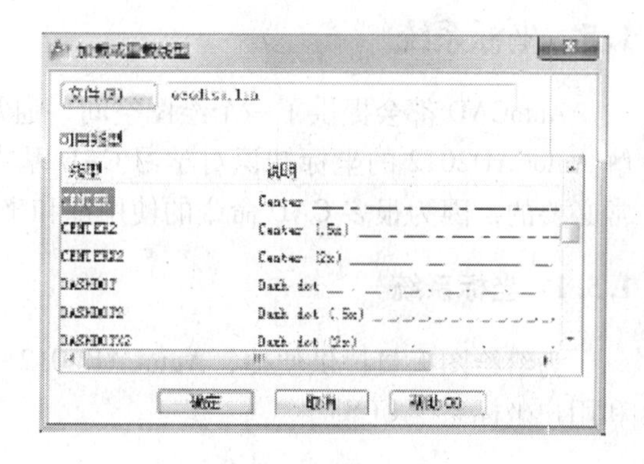

图 1-21 “加载或重载线型”对话框

从菜单栏中选择“格式”→“线型”命令，系统将弹出“线型管理器”对话框，如图 1-22 所示。单击“显示细节”按钮，在其右下角的“全局比例因子”框中，用户可设置线型的比例值，用于调整虚线、点画线等非连续线型的横线与空格之间的比例。

1.4.4　设置图层线宽

线宽是指该图层上面的图形对象所使用的线宽，每一个图层都有一个线宽，在同一图层上的线宽必须相同，但不同图层上线宽可以相同，也可以不同。使用线宽可以用粗线和细线清楚的表现出截面的剖切方式、标高的深度、尺寸线和刻度线等以及细节上的不同。其线宽命令执行方式如下：

（1）“图形特性管理器”对话框中，单击“线宽”下拉列表框下任一个“默认”的按钮。如图 1-23 所示。

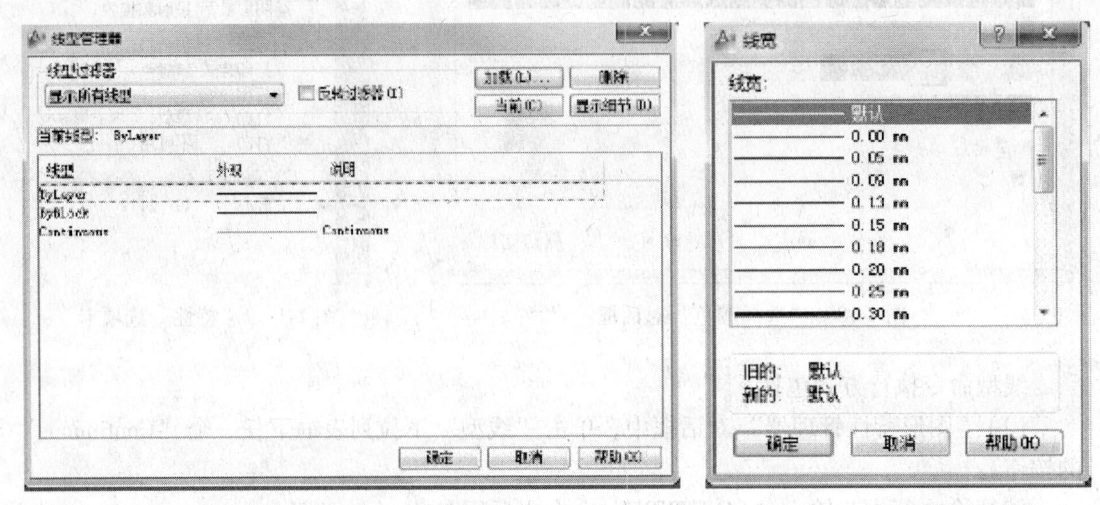

图 1-22　“线型管理器”对话框　　　　图 1-23　“线宽”对话框

（2）菜单栏中点击“工具”→“选项板”→“特性”后弹出“特性”选项卡，在常规选项区域的“线宽”列表中选择线的宽度。

1.5　坐标系统

AutoCAD 都会提供了一个绘图空间，通常绘制图样工作都是在这个空间中进行的。了解 AutoCAD2012 的坐标知识对学习 CAD 基本绘图、编辑命令以及建筑施工图的绘制是非常必要的，因为很多 CAD 命令的使用都和坐标有关。

1.5.1　坐标系统

为给绘图人员提供便捷，AutoCAD2012 采用了多种坐标系统，如世界坐标系（WCS）和用户坐标系（UCS）。

1.5.1.1　世界坐标系

WCS 由 3 个相互垂直并相交的坐标轴 X、Y 和 Z 轴组成。它是 AutoCAD 打开时默认的基本坐标系，其坐标原点和坐标轴方向都不会改变。如图 1-24 所示。

1.5.1.2　用户坐标系

相对于世界坐标系，AutoCAD 提供了可根据需要创建无限多的坐标系方便绘图，这些

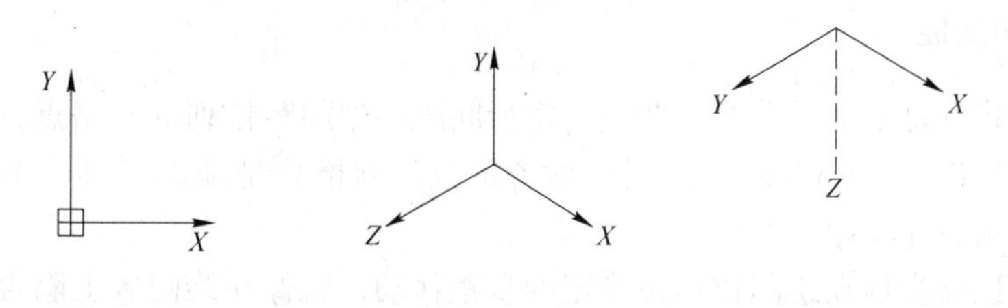

图 1-24　世界坐标系

坐标系称为用户坐标系（UCS）。在默认情况下，用户坐标系和世界坐标系重合，它可以在绘图过程中根据具体需要而定义。

1.5.2　坐标的表示

使用 AutoCAD 绘制图形中，如何精确地输入点的坐标是绘图的关键，采用精确定位坐标点的方法有四种：绝对坐标、绝对极坐标、相对直角坐标和相对极坐标。

1.5.2.1　绝对直角坐标

绝对直角坐标是指当前点相对坐标原点的坐标值。如图 1-25 所示，A 点的绝对直角坐标为（31，44）。

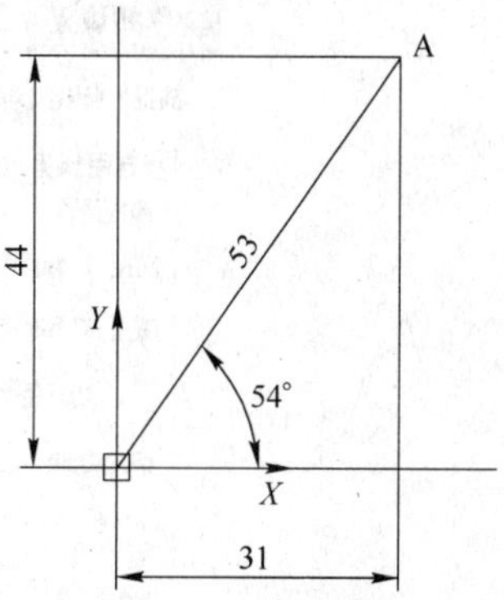

1.5.2.2　绝对极坐标

绝对极坐标是以原点为极点。用“距离 < 角度”表示，距离为当前点相对于坐标原点的距离，角度表示当前点和坐标原点之间的连线与 *X* 轴正向夹角。如图 1-25 所示，A 点的绝对极坐标可表示为“53 < 54”。

图 1-25　绝对直角坐标和绝对极坐标

1.5.2.3　相对直角坐标

相对直角坐标是以前一个输入点为输入坐标值的参考点，是当前点相对于某一点坐标的增量。相对直角坐标前加一个@ 符号。例如，B 点坐标值为（20，45），C 点相对于 B 点的相对直角坐标为（@5，-3），那么 C 点的绝对直角坐标为（25，42）。

1.5.2.4　相对极坐标

相对极坐标通过相对于某一点的极长距离和偏移角度来表示。通常用“@ 距离 < 角度”表示。例如，“@10.5 < 60”表示当前点到下一点的距离为 10.5，当前点到下一点的连线与 *X* 轴正向的夹角为 30°。

1.6　绘图辅助工具

在工程设计过程中，为了更准确地绘制图形，提高绘图的速度和准确性，需要启用捕捉、栅格、正交、对象捕捉、极轴追踪和对象追踪等辅助绘图功能，这样既能精确指定绘图位置，又能实时显示绘图状态，从而辅助设计者提高绘图效率。

1.6.1　栅格和捕捉

栅格就是指屏幕上显示分布一些按指定行间距和列间距排列的栅格点，就像在屏幕上铺上了一张坐标纸一样，有助于作图的参考定位。栅格只是辅助工具，不是图形的一部分，所以不会被打印输出。

捕捉是可以使光标在绘图窗口按指定的步距移动，就像在绘图区上隐含分布着按指定行间距和列间距排列的栅格点，这些栅格点对光标有吸附作用，能够捕捉光标，使光标只能落在由这些点确定的位置上，从而使光标只能按指定的步距移动。

捕捉和栅格的执行过程为状态栏中的“捕捉”或“栅格”按钮上单击右键，在打开快捷菜单中选择“设置”→“草图设置”，如图 1-26 所示。

执行的功能：

(1)“启用捕捉”和“启用栅格”复选框分别用于启用捕捉和栅格功能。

(2)“捕捉间距”和“栅格间距”选项组分别用于设置捕捉间距和栅格间距。

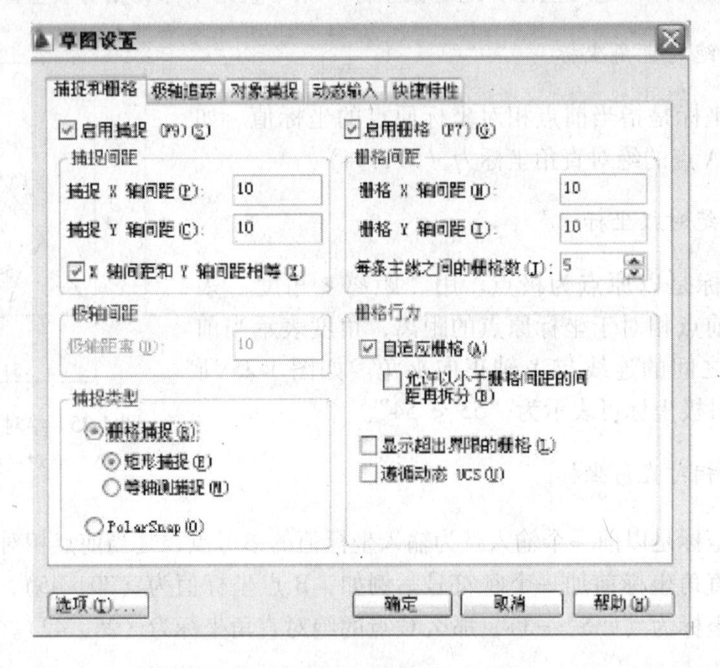

图 1-26　“捕捉和栅格”选项卡

1.6.2　正交功能

正交的执行方式包括以下两种：

(1) 状态栏上的“正交”开关按钮可快速实现正交功能启用与否的切换。

(2) 按键盘中的 F8 键打开或关闭正交模式。

执行的功能：

(1) 快速绘制出与当前坐标系统 X 轴或 Y 轴平行的线段。

(2) 绘制水平和垂直的线段。

1.6.3 对象捕捉

利用对象捕捉功能，在绘图过程中可以指定对象的精确位置，捕捉图形端点、圆心、切点、交点和中心等。可以通过“对象捕捉”工具栏和对象捕捉菜单启动对象捕捉功能，如图 1-27 所示。

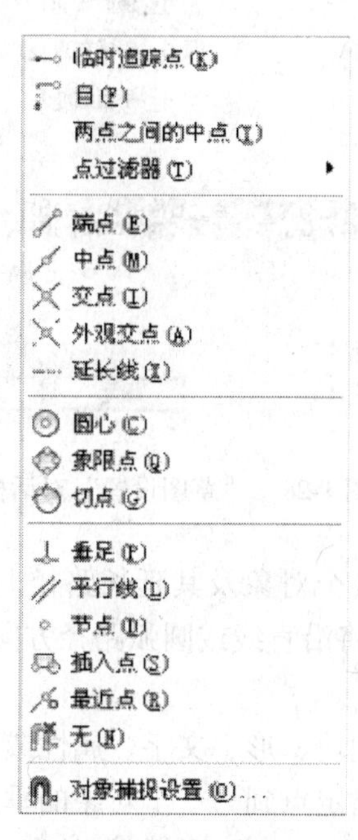

图 1-27 临时对象捕捉

1.6.4 对象自动捕捉

对象自动捕捉又称为隐含对象捕捉，利用此捕捉模式可以使 AutoCAD 自动捕捉到某些特殊点。

对象自动捕捉执行方式为：

（1）菜单栏中“工具”→“草图设置”→“对象捕捉”选项卡。

（2）在状态栏中“对象捕捉”按钮上单击右键→“设置”→“草图设置”。如图 1-28 所示，其中包括如下选择：

1）端点捕捉：用来捕捉实体的端点，该实体可以是一段直线，还可以是一段圆弧。

2）中心捕捉：用来捕捉直线或者圆弧的中间点（等分点）。

3）圆心捕捉：用于捕捉圆或圆弧的圆心。

4）节点捕捉：一般用于捕捉点的对象。

5）象限点捕捉：用于捕捉圆或圆弧上的象限点。象限点是圆上在 0°、90°、180°和 270°方向上的点。

6）交点捕捉：用来捕捉两个对象的交点。

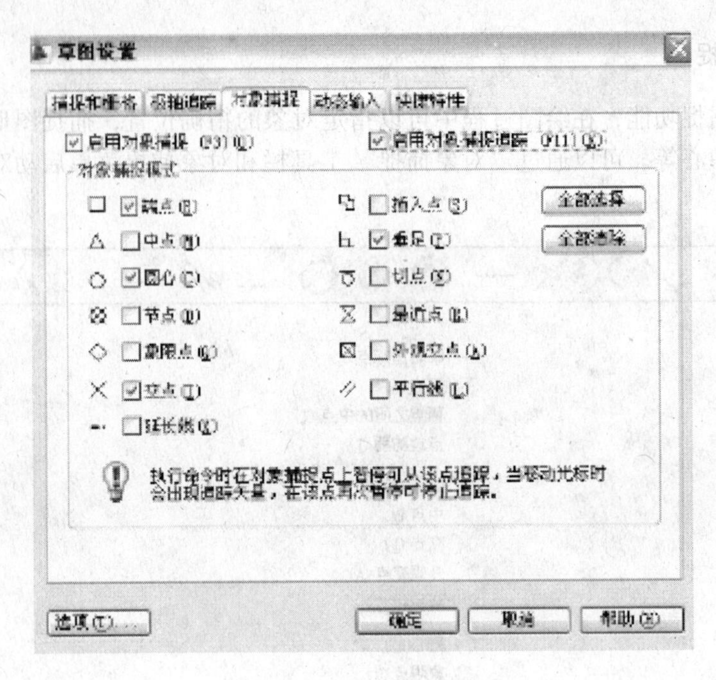

图 1-28　“草图设置”对话框

7）延长线捕捉：用来捕捉某个对象及其延长路径上的一点。在这种捕捉方式下，将光标移到某条直线或圆弧上时，将沿直线或圆弧路径方向上显示一条虚线，用户可在此虚线上选择一点。

8）插入点捕捉：用于捕捉到块、形、文字、属性或属性定义等对象的插入点。

9）垂足捕捉：用于捕捉某指定点到另一个对象的垂点。

10）切点捕捉：用于捕捉对象与对象之间相切的点。

11）最近点捕捉：用于捕捉对象上距指定点最近的一点。

12）外观交点捕捉：用于捕捉两个实体的延伸交点。

13）平行线捕捉：用于捕捉与指定直线平行方向上的一点。创建直线并确定第一个端点后，可在此捕捉方式下将光标移到一条已有的直线对象上，该对象上将显示平行捕捉标记，然后移动光标到指定位置，屏幕上将显示一条与原直线相平行的虚线，用户可在此虚线上选择一点。

1.6.5　自动追踪

自动追踪功能分两种：极轴追踪和对象捕捉追踪。

1.6.5.1　极轴追踪

极轴追踪执行方式可以通过：

(1) 状态栏上的“极轴”开关按钮可快速实现极轴追踪。

(2) 按键盘中的 F10 键可以在打开或关闭极轴之间切换。

极轴追踪的功能为实现沿某一角度追踪的功能。

1.6.5.2 对象捕捉追踪

对象捕捉追踪是对象捕捉与极轴追踪的综合，启用对象捕捉追踪之前，应先启用极轴追踪和自动对象捕捉，并根据绘图需要设置极轴追踪的增量角，设置好对象捕捉的捕捉模式。

对象捕捉追踪有多种执行方式：

（1）状态栏单击“对象捕捉”按钮可切换对象捕捉追踪的启用或关闭。

（2）“草图设置”中的“对象捕捉”启用“对象捕捉追踪”。

（3）按键盘中的 F11 键可切换对象捕捉追踪的启用或关闭。

对象捕捉追踪的功能就是在特定的角度和位置绘制图形。如图 1-29 所示。

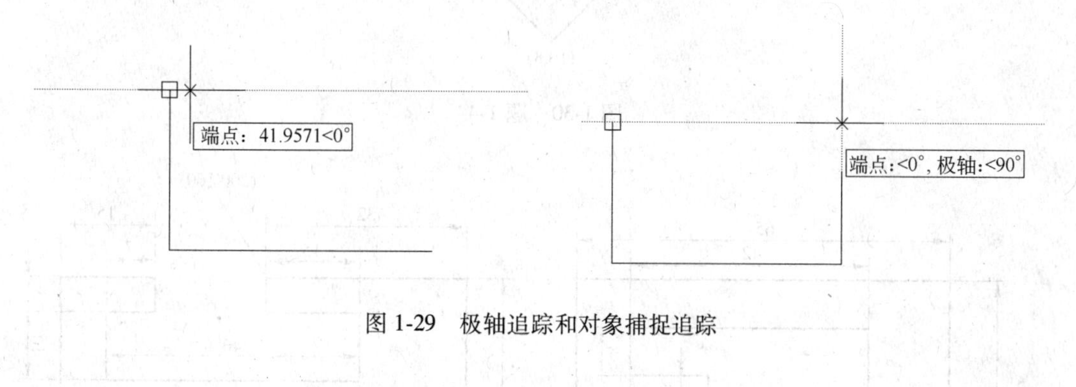

图 1-29 极轴追踪和对象捕捉追踪

思考与能力训练题

1-1 掌握操作 AutoCAD 软件的用户界面：

（1）用三种方式启动 AutoCAD 软件操作界面；

（2）用滚轮调整操作界面大小；

（3）设置图形单位；

（4）设置绘图窗口的颜色；

（5）退出 AutoCAD 界面。

1-2 掌握图形文件的管理：

（1）启动 AutoCAD 软件，新建图形文件；

（2）保存新建的图形文件并关闭；

（3）打开已有的图形文件；

（4）更换文件名，使用“另存为”命令保存文件。

1-3 按以下规定设置图层及线型：

图层名称	颜色（颜色号）		线型	线宽
粗　线	白	7	Continuous	0.6
中粗线	品红	6	Continuous	0.4
中　线	蓝	5	Continuous	0.3
细　线	绿	3	Continuous	0.15
虚　线	黄	2	Dashed	0.3
点划线	红	1	Center	0.15

1-4　运用绝对坐标和相对坐标绘制图 1-30 图形。

1-5　运用点的坐标输入方法和绘图辅助工具绘制图 1-31～图 1-34 图形。

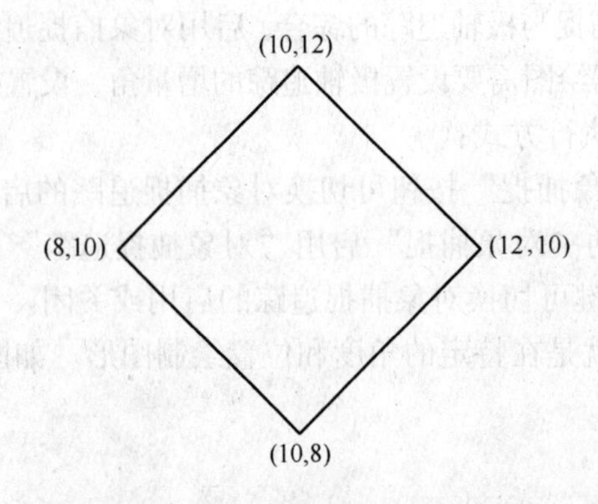

图 1-30　题 1-4

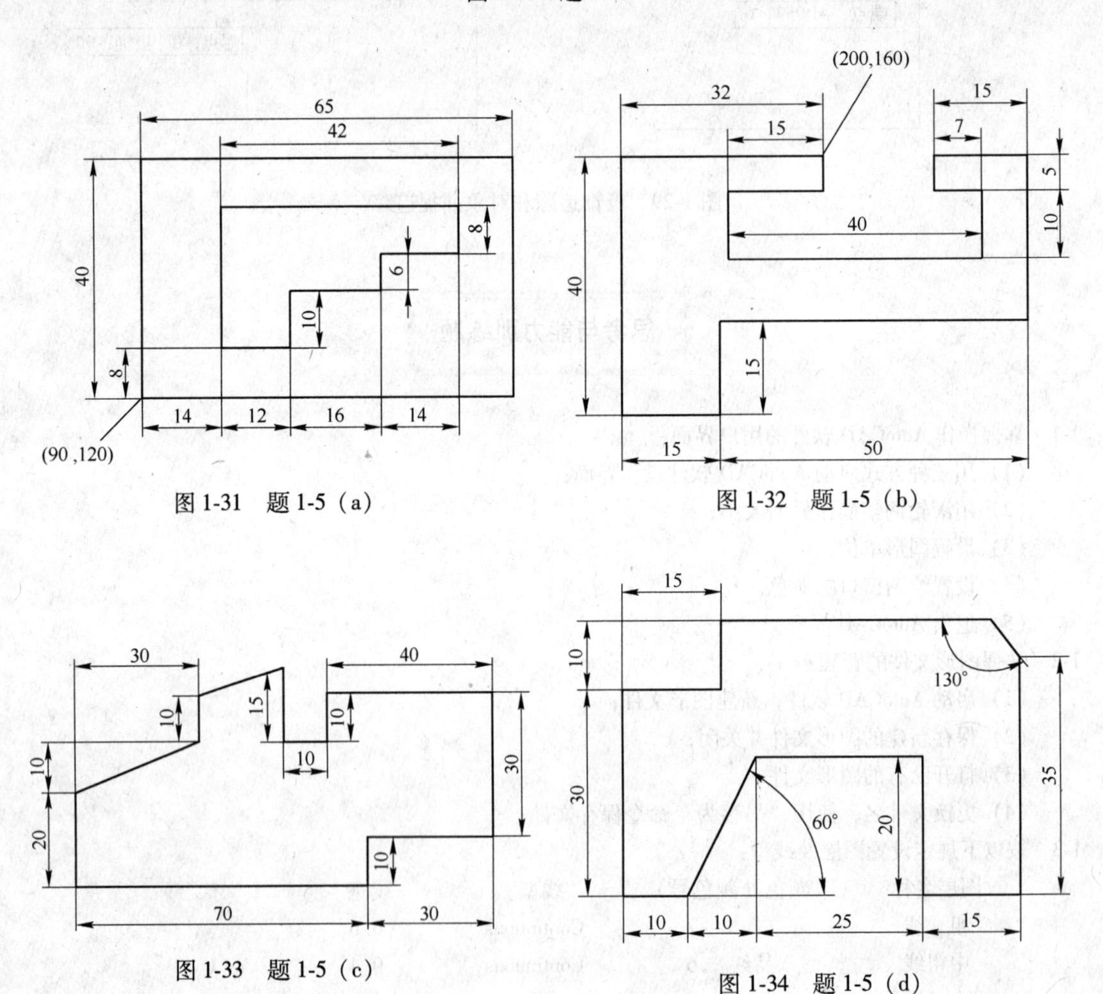

图 1-31　题 1-5（a）

图 1-32　题 1-5（b）

图 1-33　题 1-5（c）

图 1-34　题 1-5（d）

2 建筑 CAD 基本绘图命令

学习目标

知识目标：

（1）掌握绘制点和直线的操作方法；
（2）掌握绘制平面图形（包括圆、圆弧、圆环、椭圆、椭圆弧等）的操作方法；
（3）掌握构造线、多段线、样条曲线的绘图命令；
（4）掌握多线的绘图命令；
（5）掌握图案填充的操作方法。

能力目标：

（1）熟练运用各项命令绘制基本的二维图形；
（2）熟悉各种绘图命令在操作过程中在命令行的提示含义；
（3）能够对图形进行图案填充。

素质目标：

（1）培养学生勤奋向上、严谨细致的良好学习习惯和科学的工作态度；
（2）具有公平竞争的意识和自学的能力；
（3）具有拓展知识、接受终生教育的基本能力。

2.1 点和直线绘图及其命令

2.1.1 点的绘制

（1）点样式设置如图 2-1 所示。
1）“格式”下拉菜单：单击“点样式”命令。
2）命令行：输入“Ddptype”之后回车。
（2）点命令的执行方式。
1）工具栏：“绘图”工具栏单击 · 按钮。
2）“绘图”下拉菜单：单击“点”命令。
3）命令行：输入“point”↵。
4）快捷键：在键盘上输入“po”↵。
（3）功能，如图 2-2 所示。
1）单点：绘制单个定点。

2）多点：连续绘制多个定点。

3）定数等分：可将选定的对象均分为设定等分。

4）定距等分：可将选定对象按指定距离等分。

（4）点在建筑施工图中的应用举例，如图 2-3 所示。

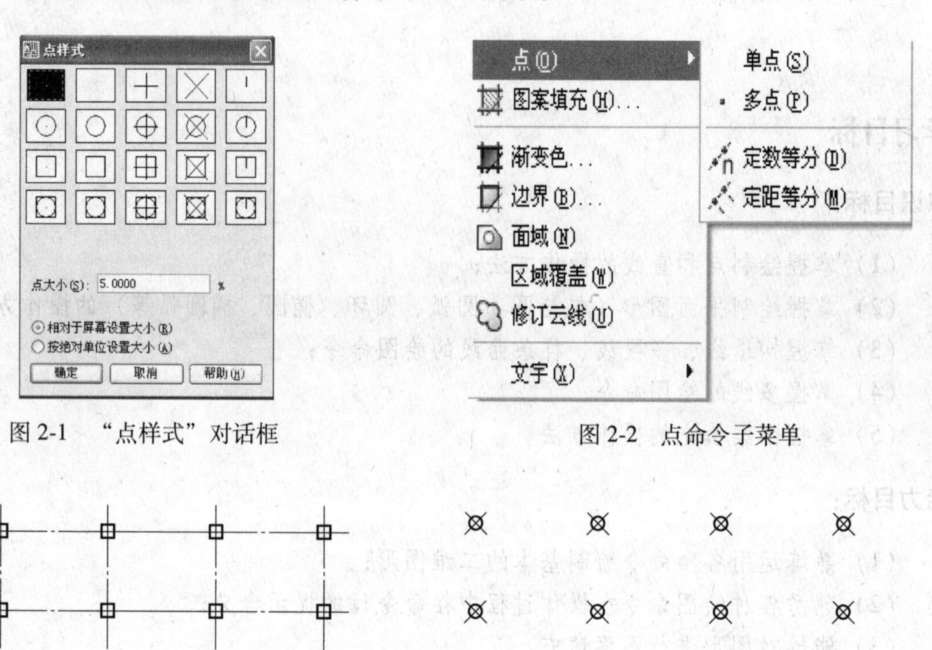

图 2-1　“点样式”对话框

图 2-2　点命令子菜单

（a）

（b）

图 2-3　点在建筑施工图中的应用

（a）柱子的排列；（b）顶棚灯具的布置

2.1.2　直线的绘制

（1）直线命令执行方式。

1）工具栏：“绘图”工具栏单击╱按钮。

2）“绘图”下拉菜单：单击“直线”命令。

3）命令行：输入“Line”↵。

4）快捷键：在键盘上输入“L”↵。

（2）功能。

1）绘制二维或三维直线。

2）连续画多条直线。

（3）直线在建筑施工图中的应用举例，如图 2-4 所示。

【例 2-1】　利用点和直线命令绘制梯子，如图 2-5 所示。

绘制步骤：

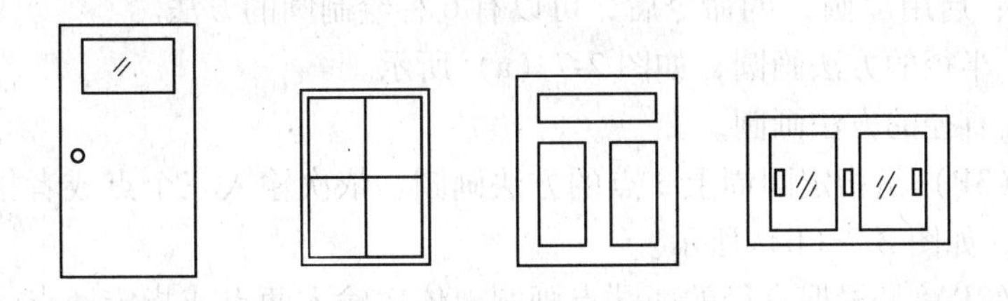

图 2-4　直线在建筑施工图中的应用

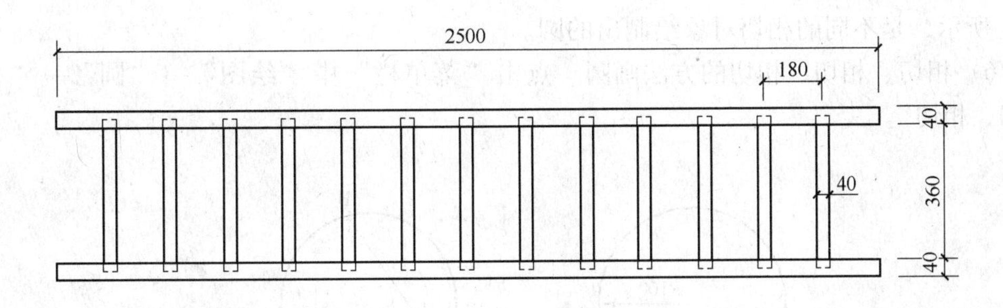

图 2-5　梯子

在命令行中输入“Line”（L）↵。

指定下一点或［放弃（U）］：输入“2500”↵。

指定下一点或［放弃（U）］：输入“40”↵。

运用相同的方法绘制出梯子的两侧扶手。

在命令行中输入“Point”↵。

在图 2-1 中随意选择一个点的样式。

运用定距等分命令绘制，如图 2-6 所示。最后运用直线命令按照相应的尺寸绘制梯子。

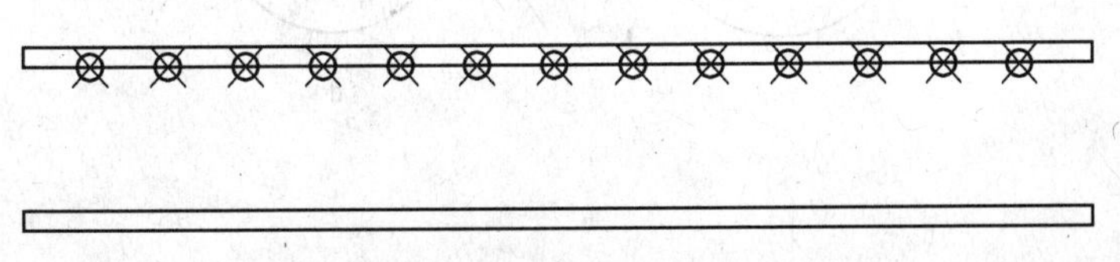

图 2-6　“定距等分”绘制梯子

2.2　圆、圆弧、圆环的绘图命令

2.2.1　圆的绘制

（1）圆的执行方式：

1）“菜单栏”中“绘图”→“圆”命令。

2）工具栏：“绘图”工具栏单击⊙按钮。

3）命令行：输入“CIRCLE”↵。

4）快捷键：在键盘上输入“C”↵。

（2）功能：启用“圆”的命令后，可以有 6 种绘制圆的方法。

1）圆心、半径的方法画圆，如图 2-7（a）所示。

2）圆心、直径的方法画圆。

3）三点（3P）是指定圆周上 3 点的方法画圆。依次输入三个点或者指定三个点即可绘制出一个圆，如图 2-7（b）所示。

4）两点（2P）是根据直径的两端点画圆。依次输入两点或指定两点，两点之间的距离为圆的直径。如图 2-7（c）所示。

5）相切、相切、半径（T）。先指定两个相切对象，然后给出半径长度画圆。如图 2-7（d）所示，是不同的相切对象绘制出的圆。

6）相切、相切、相切的方法画圆。点击“菜单栏”中“绘图”→“圆”→“相切、相切、相切”。

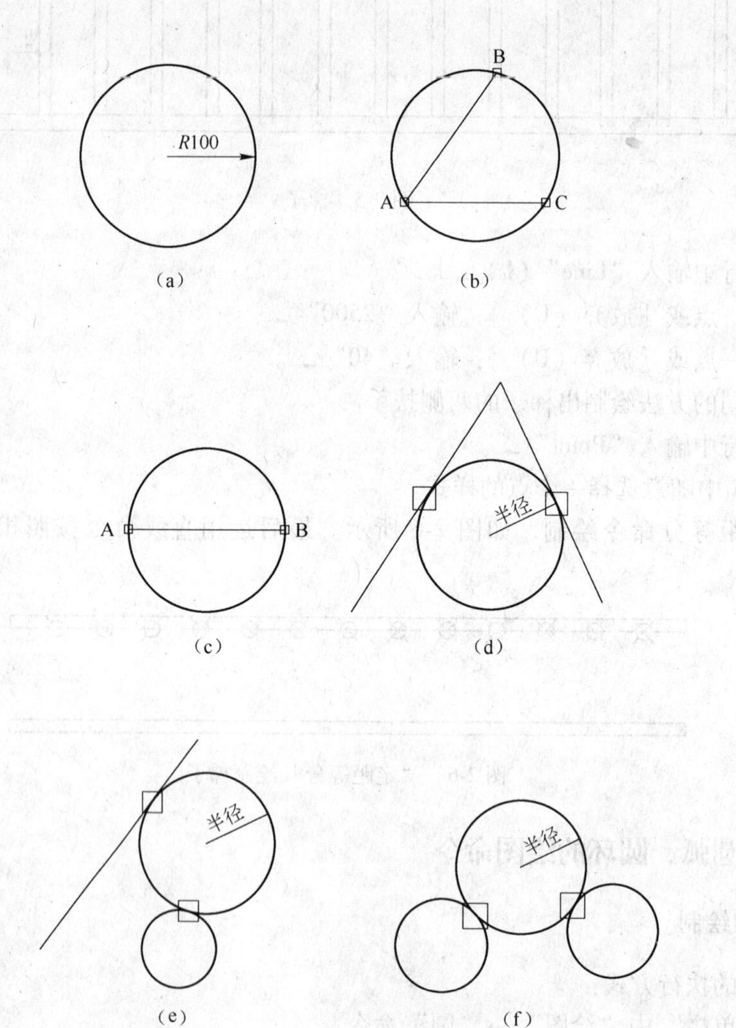

（a）　（b）　（c）　（d）　（e）　（f）

图 2-7　圆的多种操作形式

（a）圆心、半径画圆；（b）三点画圆；（c）两点画圆；（d）相切、相切、半径情形 1；（e）相切、相切、半径情形 2；（f）相切、相切、半径情形 3

2.2.2 圆弧绘制

圆弧在建筑施工图中应用非常多，如绘制各种弧形家具、平面图中的门、装饰图形等。AutoCAD 提供了多种绘制圆弧的方法。

(1) 圆弧的执行方式：

1)“菜单栏”中“绘图”→“圆弧”命令。

2) 工具栏：“绘图”工具栏单击 按钮。

3) 命令行：输入“Arc”↵。

4) 快捷键：在键盘上输入“A”↵。

提示：绘制圆弧时要用逆时针的绘制方法。

(2) 功能：

有 10 种绘制圆弧的方法，如图 2-8 所示。

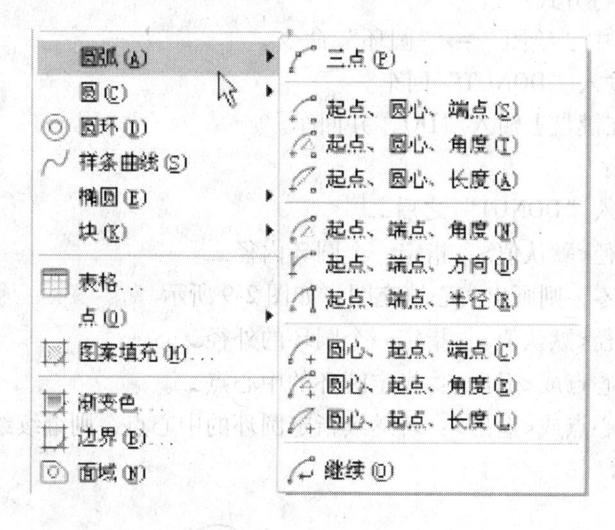

图 2-8 “圆弧”命令

(3)【例 2-2】 绘制一个宽度为 800 的弧形门，如图 2-9 所示。

步骤如下：

在命令行中输入“Line”(L)，绘制一条竖直长度为 800 的直线（打开状态栏中的“正交”）↵。

在命令行中输入“Arc”(A)，指定圆弧的起点或［圆心 (C)］：鼠标单击直线上边的端点作为圆弧的起点↵。

指定圆弧的第二点或［圆心 (C) /端点 (E)］：输入“C”↵。

指定圆弧的圆心：鼠标点击直线的底部端点↵。

指定圆弧的端点或［角度 (A) /弧长 (L)］：输入“A”↵。

指定包含角：输入“90”↵。

2.2.3 圆环绘制

圆环是由相同圆心、不相等直径的两个圆组成的。控制圆环的主要参数是圆心、内直

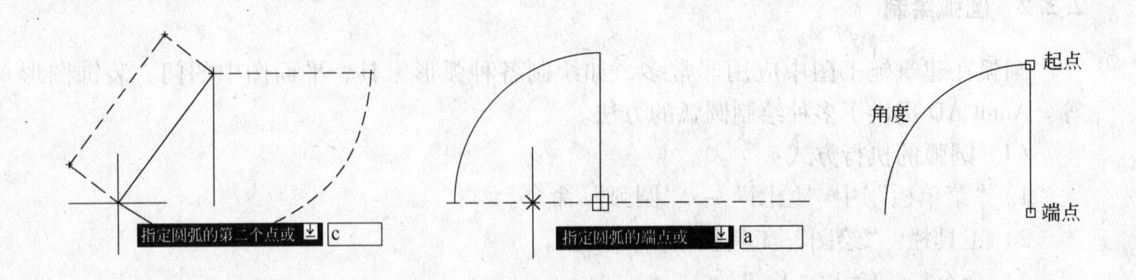

图 2-9　用圆弧绘制弧形门

径和外直径。

（1）圆环的执行方式：

1）“菜单栏”中“绘图”→“圆环”命令。

2）命令行：输入“DONUT”回车。

3）快捷键：在键盘上输入“DO”并回车。

（2）操作方式：

在命令行中输入“DONUT”之后↵。

指定圆环的内径<默认值>：指定一个圆环内径↵。

若指定内径为零，则画出实心填充图，如图 2-9 所示。

指定圆环的外径<默认值>：指定一个圆环的外径↵。

指定圆环的中心点或<退出>：指定圆环的中心点↵。

指定圆环的中心点或<退出>：若继续指定圆环的中心点，则继续绘制相同内外径的圆环，如图 2-10 所示。

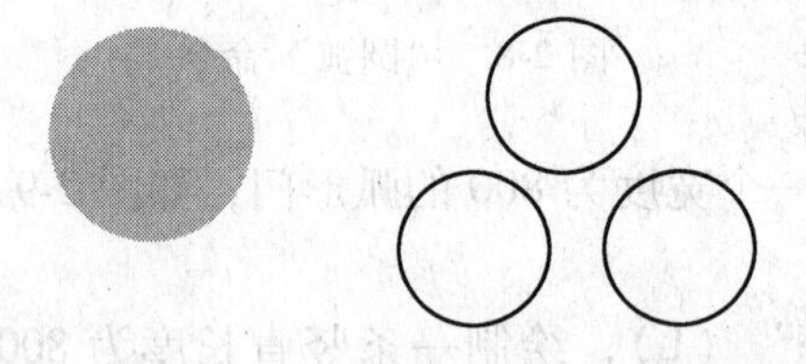

图 2-10　实心填充圆和绘制圆环

2.3　矩形、正多边形绘图命令

2.3.1　矩形的绘制

（1）矩形的执行方式：

1）“菜单栏”中“绘图”→“矩形”命令。

2）工具栏：“绘图”工具栏单击□按钮。

3）命令行：输入“RECTANGLE”↵。

4）快捷键：在键盘上输入“REC”↵。

（2）功能：

在命令行中输入“RECTANGLE”↵。

指定第一角点或［倒角（C）/标高（E）/圆角（F）/厚度（T）/宽度（W）］，如图 2-11（a）所示。

1）倒角（C）：指定矩形角的倒角距离。其中每一个角点的逆时针和顺时针方向的倒角可以相同，也可以不同。第一个倒角距离是指角点逆时针方向倒角距离，第二个倒角距离是指角点顺时针方向倒角距离。如图 2-11（b）所示。

2）标高（E）：确定矩形在三维空间内的基面高度。

3）圆角（F）：指定矩形角的圆角大小。如图 2-11（c）所示。

4）旋转（R）：通过输入旋转角度来选取另一对角点来确定显示方向。

5）厚度（T）：指定矩形的厚度，即 Z 轴方向的高度。如图 2-11（d）所示。

6）宽度（W）：指定矩形的线宽。如图 2-11（e）所示。

其中，“指定第一个角点”选项要求指定矩形的角点。执行该选项，命令行中提示：

指定另一个角点或［面积（A）/尺寸（D）/旋转（R）］。

7）面积（A）：如已知矩形面积和其中一边的长度值，就可以使用面积方式创建矩形。

8）尺寸（D）：如已知矩形的长度和宽度即可使用尺寸方式创建矩形。

9）旋转（R）：按指定角度放置矩形。

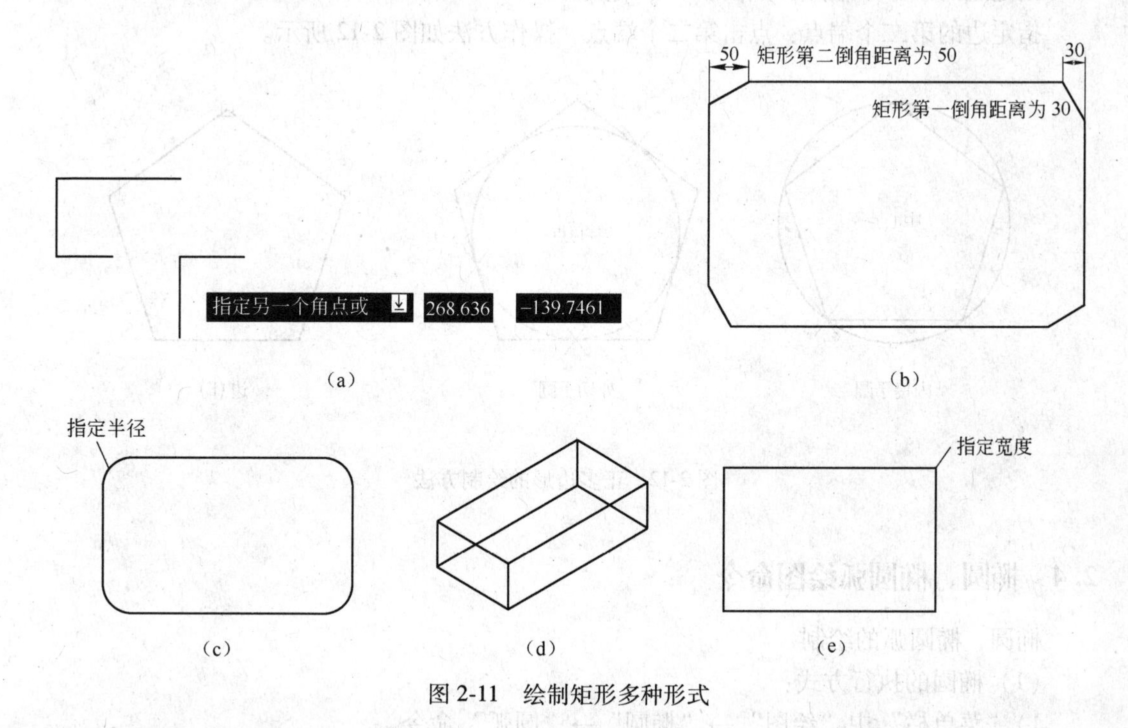

图 2-11 绘制矩形多种形式

2.3.2 绘制正多边形

（1）正多边形的执行方式：

1）“菜单栏”中“绘图”→“正多边形”命令。

2）工具栏：“绘图”工具栏单击⬠按钮。

3）命令行：输入“POLYGON”之后回车。

4）快捷键：在键盘上输入“POL”并回车。

使用正多边形命令可以精确绘制 3 至 1024 条边的正多边形。

（2）操作方法：

在命令行中输入“POLYGON”并↵。

输入边的数目<4>：指定多边形的边数，默认值为 4↵。

指定正多边形的中心点或［边（E）］：指定多边形的中心点或根据多边形某一条边的两个端点绘制多边形。

第一种方法：默认选项要求确定正多边形的中心点，指定后将利用多边形的假想外切于圆或内接于圆绘制等边多边形。

指定正多边形的中心点或［边（E）］：↵。

输入选项［内接于圆（I）/外切于圆（C）］：↵。指定是内接于圆或外切于圆。

指定圆的半径：指定外切圆或内接圆的半径。

第二种方法：根据多边形某一条边两个端点绘制多边形。

指定正多边的中心点或［边（E）］：鼠标右键选择“边（E）”↵。

指定边的第一个端点：点击第一个端点↵。

指定边的第二个端点：点击第二个端点。操作方法如图 2-12 所示。

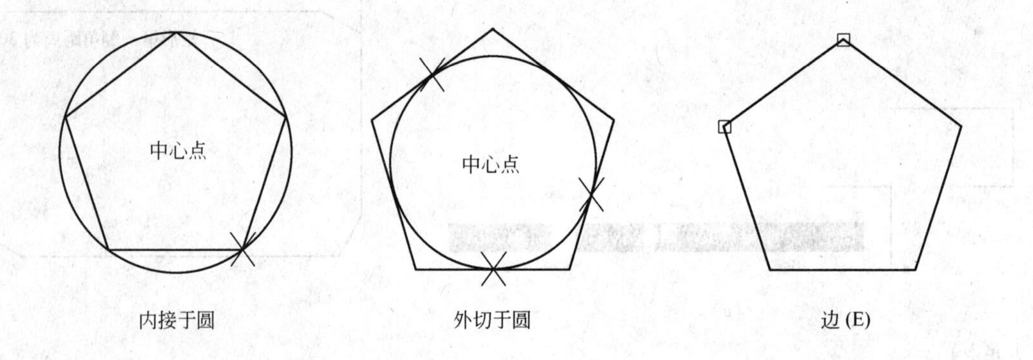

图 2-12　正多边形的绘制方法

2.4　椭圆、椭圆弧绘图命令

椭圆、椭圆弧的绘制

（1）椭圆的执行方式：

1）“菜单栏”中“绘图”→“椭圆”→“圆弧”命令。

2）工具栏：“绘图”工具栏单击“椭圆”⬭按钮或“椭圆弧”◠按钮。

3）命令行：输入“ELLIPSE”↵。

4）快捷键：在键盘上输入“EL”↵。

（2）功能：

1）轴端点：根据两个端点定义椭圆的第一条轴，第一条轴确定了整个椭圆的角度。第一条轴既可以定义椭圆的长轴也可以定义短轴，再使用从第一条轴的中点到第二条轴的端点的距离定义第二条轴。

2）中心点（C）：通过指定中心点来创建椭圆对象。

3）圆弧（A）：该选项用于创建一段椭圆弧，椭圆弧是一种特殊的曲线，它就是椭圆上的一段弧线。与“绘制”工具栏中的“椭圆弧”按钮的功能相同。其中第一条的角度确定了椭圆弧的角度。第一条轴既可定义椭圆弧长轴也可定义短轴。

4）旋转（R）：通过绕第一条轴旋转圆来创建椭圆，绕椭圆中心移动十字光标并单击，输入值越大，椭圆的离心率就越大，输入数值范围介于 0 至 89.4 之间，若输入数值为 0 时，将定义为圆。

（3）操作方法：

在命令行中输入“ELLIPSE”↵。

指定椭圆的轴端点或［圆弧（A）/中心点（C）］：指定轴端点↵。

指定轴的另一个端点：指定另一个轴端点↵。

指定另一条半轴长度或［旋转（R）］：指定半轴长度，形成另一个轴端点。如图 2-13 所示。

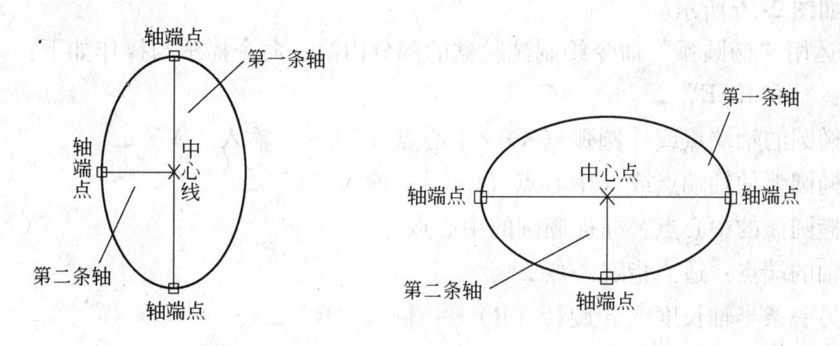

图 2-13 绘制椭圆的基础方法

（4）椭圆、椭圆弧在建筑施工图中的应用举例。如图 2-14 所示。利用直线、圆、椭圆、椭圆弧绘制洗脸盆。

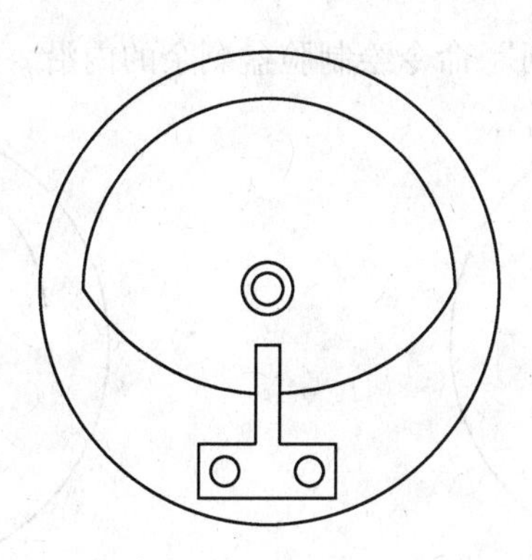

图 2-14 洗脸盆图形

步骤如下：

(1) 运用“直线”命令绘制水龙头图形。如图 2-15（a）所示。

(2) 运用“圆”命令绘制两个水龙头旋钮和水漏。如图 2-15（b）所示。

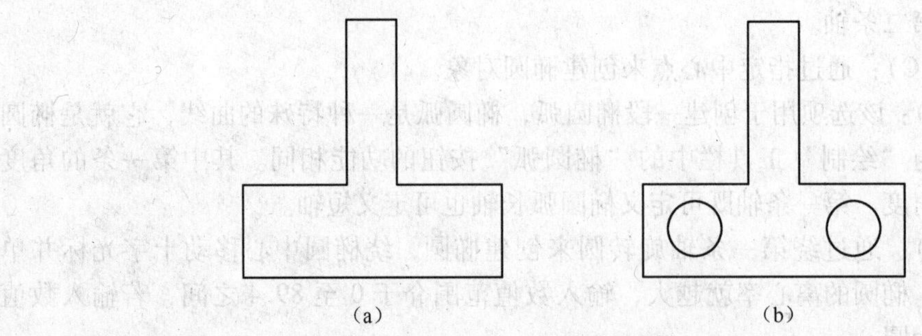

图 2-15　绘制水龙头和旋钮

(3) 运用“椭圆”命令绘制脸盆外沿，命令行提示与操作如下：

命令：“ELLIPSE” ↵。

指定椭圆的轴端点或［圆弧（A）/中心点（C）］：用鼠标指定椭圆轴端点↵。

指定轴的另一端点：用鼠标指定另一个端点↵。

指定另一条半轴长度或［旋转（R）］：用鼠标在屏幕上拉出另一半轴长度↵。绘制的椭圆，如图 2-16 所示。

(4) 运用“椭圆弧”命令绘制洗脸盆的部分内沿，命令提示与操作如下：

命令：“ELLIPSE” ↵。

指定椭圆的轴端点或［圆弧（A）/中心点（C）］：输入“A” ↵。

指定椭圆弧的轴端点或［中心点（C）］：输入“C” ↵。

指定椭圆弧的中心点：捕捉椭圆的中心点↵。

指定轴的端点：适当指定一点↵。

指定另一条半轴长度或［旋转（R）］：输入“R” ↵。

指定绕长轴旋转角度：用鼠标指定椭圆的轴端点↵。

指定起始角度或［参数（P）］：用鼠标拉出起始角度↵。

指定终止角度或［参数（P）/包含角度（I）］：用鼠标拉出终止角度↵。绘制的椭圆弧，如图 2-17 所示。

(5) 运用“圆弧”和“圆”命令绘制脸盆剩余的内沿，最终效果如图 2-14 所示。

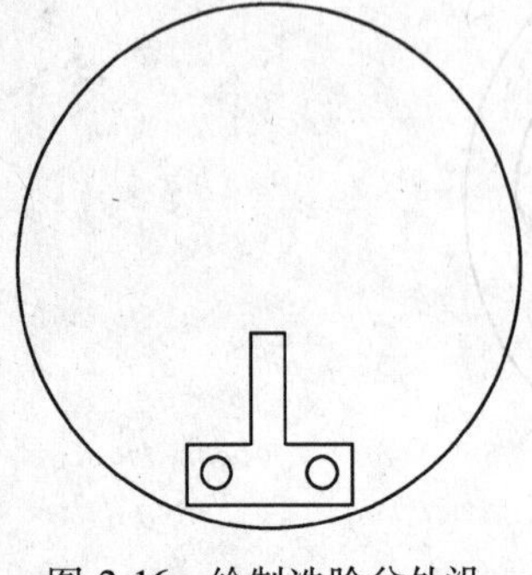

图 2-16　绘制洗脸盆外沿

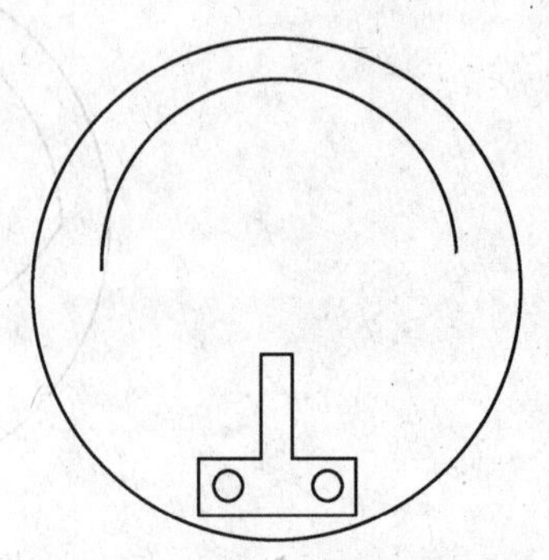

图 2-17　绘制洗脸盆部分内沿

2.5 构造线、多段线、样条曲线绘图命令

2.5.1 构造线的绘制

（1）构造线的执行方式：

1）“菜单栏”中“绘图”→“构造线”命令。

2）工具栏：“绘图”工具栏单击按钮。

3）命令行：输入“Xline”↵。

4）快捷键：在键盘上输入“XL”↵。

（2）功能：

输入“Xline”↵。

XLINE 指定点或［水平（H）/垂直（V）/角度（A）/二等分（B）/偏移（O）］：

其中“指定点”选项用于绘制通过指定两点的构造线。

1）“水平”选项用于绘制通过指定点的水平构造线。

2）“垂直”选项用于绘制通过指定点的绘制垂直构造线。

3）“角度”选项用于绘制沿指定方向或指定直线之间的夹角为指定角度的构造线。

4）“二等分”选项用于绘制平分由指定 3 点所确定的角的构造线。

5）“偏移”选项用于绘制与指定直线平行的构造线。如图 2-18 所示，分别是绘制构造线的 6 种方式。

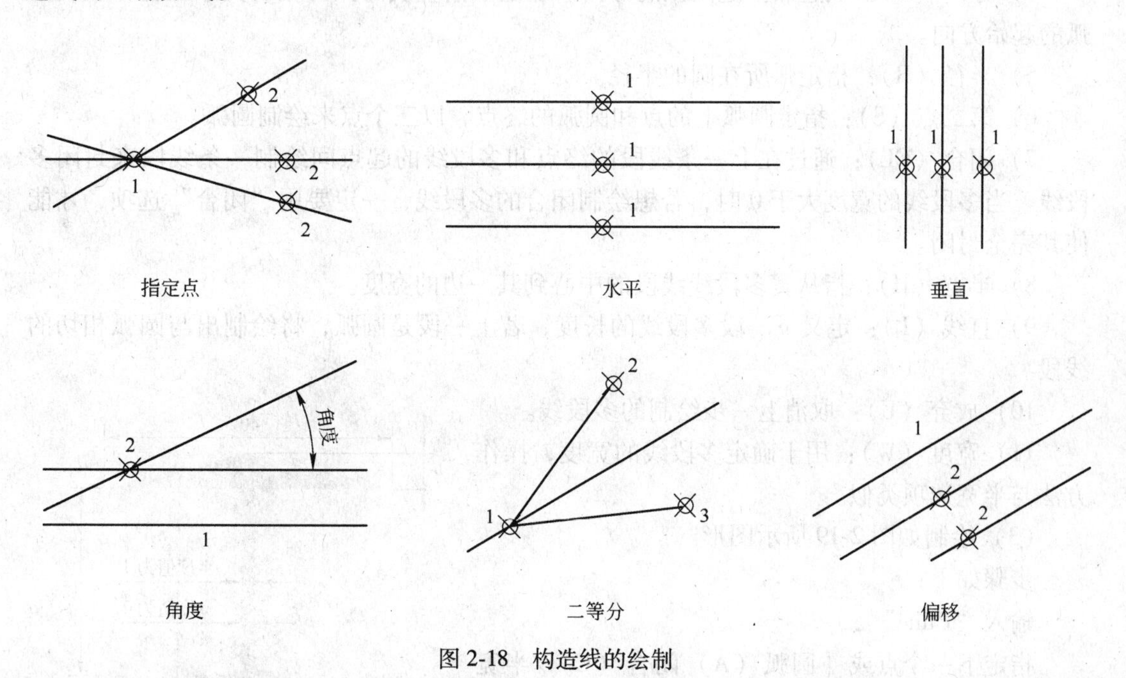

图 2-18 构造线的绘制

2.5.2 多段线的绘制

多段线是由直线段、圆弧段构成，且可以有宽度的图形对象。

（1）多段线的执行方式：

1）“菜单栏”中“绘图”→“多段线”命令。

2）工具栏：“绘图”工具栏单击按钮。

3）命令行：输入“Pline” ↵。

4）快捷键：在键盘上输入“PL” ↵。

（2）操作方法：

输入“Pline” ↵。

指定起点：

当前线宽为 0.0000。

指定下一个点或［圆弧（A）闭合（C）/半宽（H）/长度（L）/放弃（U）/宽度（W）］。

其各选项功能说明：

1）圆弧（A）：指定弧的起点和终点绘制圆弧段。选择该选项后，又会出现如下提示：

指定圆弧的端点或是［角度（A）/圆心（CE）/闭合（CL）/方向（D）/半宽（H）/直线（L）/半径（R）/第二点（S）/放弃（U）/宽度（W）］。

2）角度（A）：指定圆弧从起点开始所包含的角度。

3）圆心（CE）为圆弧指定圆心。

4）方向（D）：从起点指定圆弧的方向。也是取消直线与弧的相切关系设置，改变圆弧的起始方向。

5）半径（R）：指定弧所在圆的半径。

6）第二点（S）：指定圆弧上的点和圆弧的终点，以三个点来绘制圆弧。

7）闭合（CL）：通过在上一条线段的终点和多段线的起点间绘制一条线段来封闭多段线。当多段线的宽度大于 0 时，若想绘制闭合的多段线，一定要用“闭合”选项，才能使其完全封闭。

8）半宽（H）：指从宽多段线线段的中心到其一边的宽度。

9）直线（L）：定义下一段多段线的长度，若上一段是圆弧，将绘制出与圆弧相切的线段。

10）放弃（U）：取消上一步绘制的多段线。

11）宽度（W）：用于确定多段线的宽度，操作方法与半宽选项类似。

（3）绘制如图 2-19 所示图形。

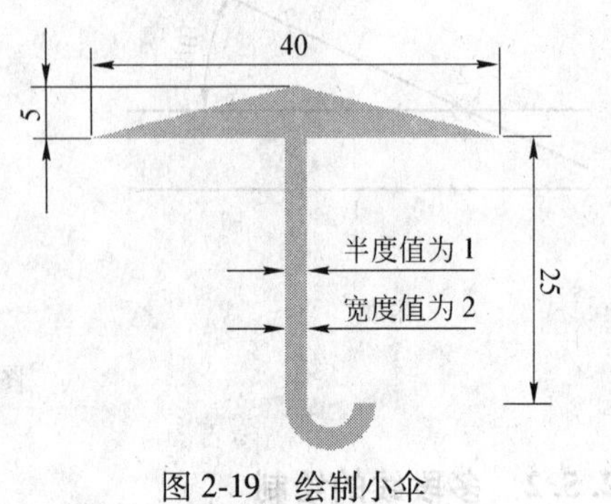

图 2-19　绘制小伞

步骤如下：

输入“Pline” ↵。

指定下一个点或［圆弧（A）闭合（C）/半宽（H）/长度（L）/放弃（U）/宽度（W）］：输入“W” ↵，设置宽度值。

起始宽度<2.0>输入起始宽度值为：0　　　　输入起始宽度值为 0

起始宽度<0.0>输入终止宽度值为：40　　　输入起始宽度值为40

指定下一个点或［圆弧（A）闭合（C）/半宽（H）/长度（L）/放弃（U）/宽度（W）］：输入“L”↵，设置长度值。

分段长度：5　　　输入分段长度值为5

指定下一个点或［圆弧（A）闭合（C）/半宽（H）/长度（L）/放弃（U）/宽度（W）］：输入“H”↵，设置半宽值。

起始半宽<20.0>：1　　　输入起始半宽值为1

终止半宽<1.0>：1　　　点击回车

指定下一个点或［圆弧（A）闭合（C）/半宽（H）/长度（L）/放弃（U）/宽度（W）］：输入“L”↵，设置长度值。

分段长度：25　　　输入分段长度值为25

指定下一个点或［圆弧（A）闭合（C）/半宽（H）/长度（L）/放弃（U）/宽度（W）］：输入“A”↵，选择画弧的方式。

［角度（A）/圆心（CE）/闭合（CL）/方向（D）/半宽（H）/直线（L）/半径（R）/第二点（S）/放弃（U）/宽度（W）］：输入“R”↵。

半径：5↵　　　输入半径值为5

指定圆弧端点或［角度（A）］：↵　　　指定圆弧的终点

2.5.3　样条曲线的绘制

样条曲线是由一组点定义的一条光滑曲线。可以用样条曲线生成一些地形图中的地形线、绘制盘形凸轮轮廓曲线作为局部剖面的分界线等。

（1）样条曲线执行方式：

1）“菜单栏”中“绘图”→“样条曲线”命令。

2）工具栏：“绘图”工具栏单击～按钮。

3）命令行：输入“Spline”↵。

4）快捷键：在键盘上输入“SPL”↵。

（2）功能：绘制二维和三维的曲线。

（3）绘制“S”曲线，如图2-20所示图形。

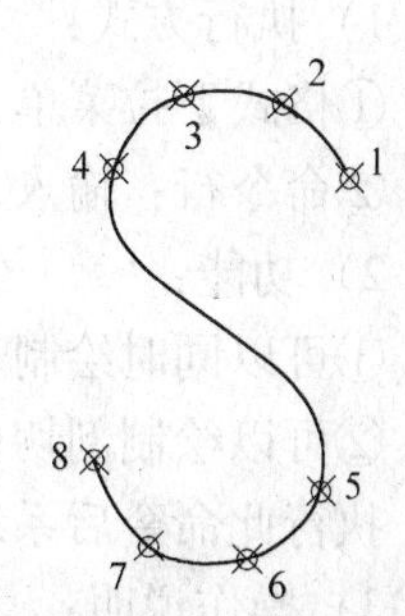

图2-20　绘制“S”曲线

绘制步骤如下：

输入“Spline”↵

样条第一点：↵　　　拾取第1点

第二点：↵　　　拾取第2点

［闭合（C）/拟合公差（F）］/<下一点>：↵　　　拾取第3点

⋮　　　拾取4、5、6、7点

［闭合（C）/拟合公差（F）］/<下一点>：↵　　　拾取第8点

选取起始切点：↵　　　右击鼠标

终点相切：↵　　　右击鼠标

2.6　多线绘图命令

多线由两条或两条以上的平行线组成，这些平行线分别具有不同的线型和颜色。

（1）多线的执行方式：

1）“菜单栏”中“绘图”→“ 多线”命令。

2）命令行：输入“MLINE” ↵。

3）快捷键：在键盘上输入“ML” ↵。

（2）功能：绘制多条平移线段。

输入“MLINE”之后回车。

当前设置：对正 = 上，比例 = 20.00，样式 = STANDARD

指定起点或［对正（J）/比例（S）/样式（ST）］：

1）“指定起点”选项用于确定多线的起始点。

2）“对正”选项用于控制如何在指定的点之间绘制多线，即控制多线上的哪条线要随光标移动。

3）“上（T）”表示在光标下方绘制多线。

4）“无（Z）”表示将光标作为原点绘制多线。

5）“下（B）”表示在光标上方绘制多线。

6）“比例”选项用于确定所绘多线定义宽度的比例。

7）“样式”选项用于确定绘制多线时采用的多线样式。

（3）创建多线样式。多线样式用于控制多线中直线元素的数目、颜色、线型、线宽以及每个元素的偏移量，以及可以修改合并的显示、端点封口和背景填充。

1）执行方式：

①格式下拉菜单：单击“ 多线样式”命令。

②命令行：输入“MLSTYLE” ↵。

2）功能：

①可以同时绘制若干条平行线。

②可以绘制剖切面和视图轮廓线。

执行此命令后系统将弹出，如图 2-21 所示的“多线样式”对话框。

3）操作说明：

第一步，单击图 2-21“多线样式”对话框中的“新建”按钮，创建新样式。

第二步，单击“继续”按钮，系统自动弹出“新建多线样式”对话框，可分别对封口、填充和图元等进行设置。如图 2-22 所示。

第三步，设置完毕后单击“确定”按钮，系统返回“多线样式”对话框。样式下的空白显示框内会显示用户刚设置的样式。从预览框内可以看到设置的多线样式是否是自己需要的，如不同，则点击“修改”按钮进行编辑。

第四步，在命令行中输入“MLSTYLE” ↵，开始对多线的绘制。

（4）编辑多线。

1）执行方式：

①“菜单栏”中“修改”→“ 对象”→“多线”命令。

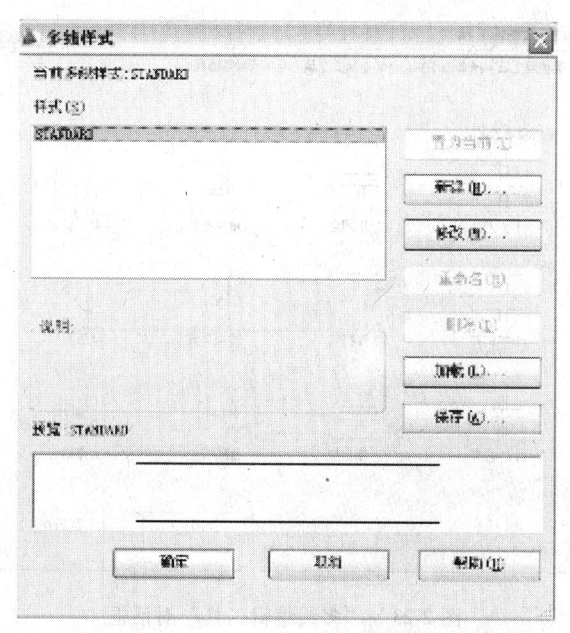

图 2-21　“多线样式”对话框

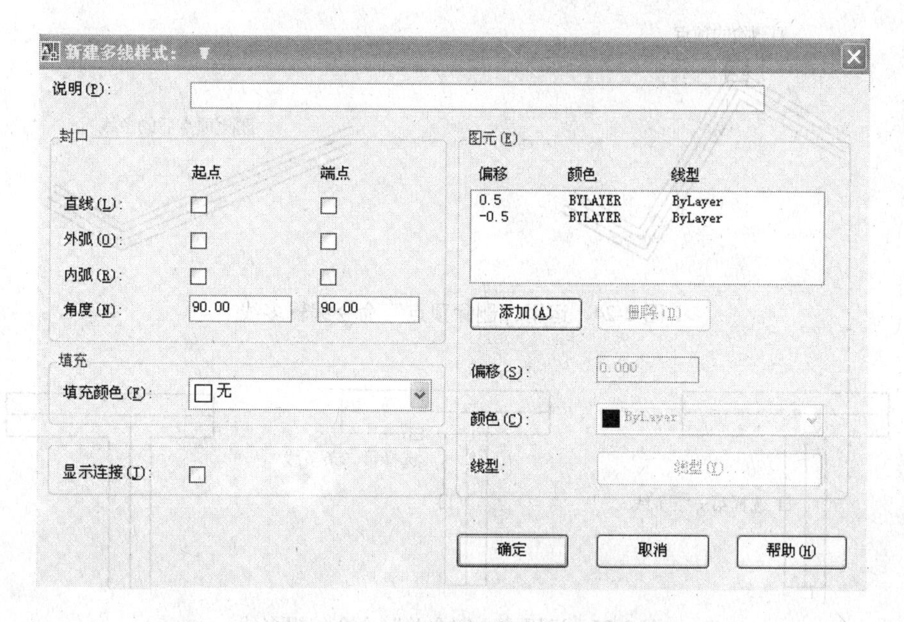

图 2-22　“新建多线样式”对话框

②命令行：输入“MLEDIT” ↵。

2）操作方式：

执行此命令后，系统将弹出如图 2-23 所示的“多线编辑工具”对话框。

【例 2-3】　在“多线编辑工具”对话框中单击“删除顶点”按钮，然后再多线中将要删除的顶点删除，如图 2-24 所示。

【例 2-4】　在“多线编辑工具”对话框中单击“十字合并”按钮，然后“选择第一条多线”，单击后再“选择第二条多线”，如图 2-25 所示。

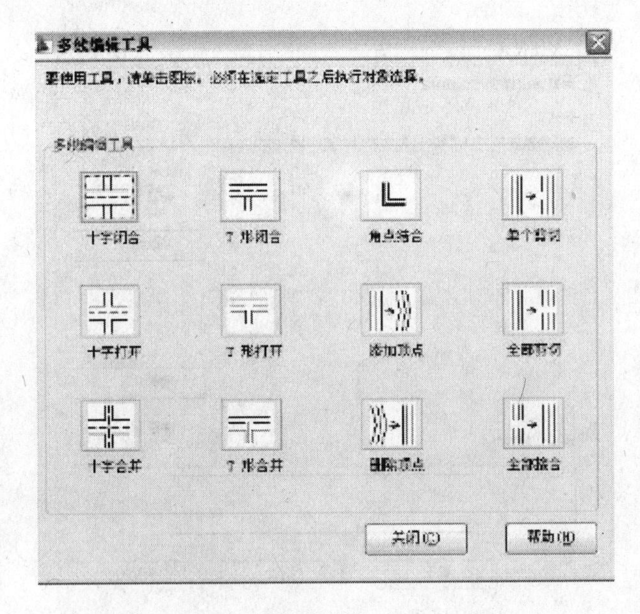

图 2-23　“多线编辑工具”对话框

图 2-24　运用“删除顶点”命令编辑多线

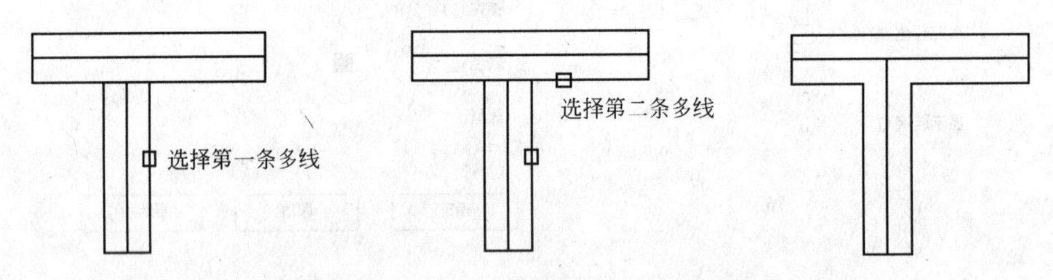

图 2-25　运用“十字合并”命令编辑多线

2.7　图案填充绘图命令

（1）图案的执行方式：

1）“菜单栏”中“绘图”→“图案填充”命令。

2）工具栏：“绘图”工具栏单击▦按钮。

3）命令行：输入“BHATCH”↵。

4）快捷键：在键盘上输入“H”↵。

（2）功能：

1）绘制剖面符号或剖面线，表现表面纹理或涂色。

2）填充时可以一种颜色平滑过渡到另一种颜色。

（3）操作说明：

在执行“BHATCH”命令后↵，AutoCAD 会弹出“图案填充和渐变色”的对话框，如图 2-26 所示。

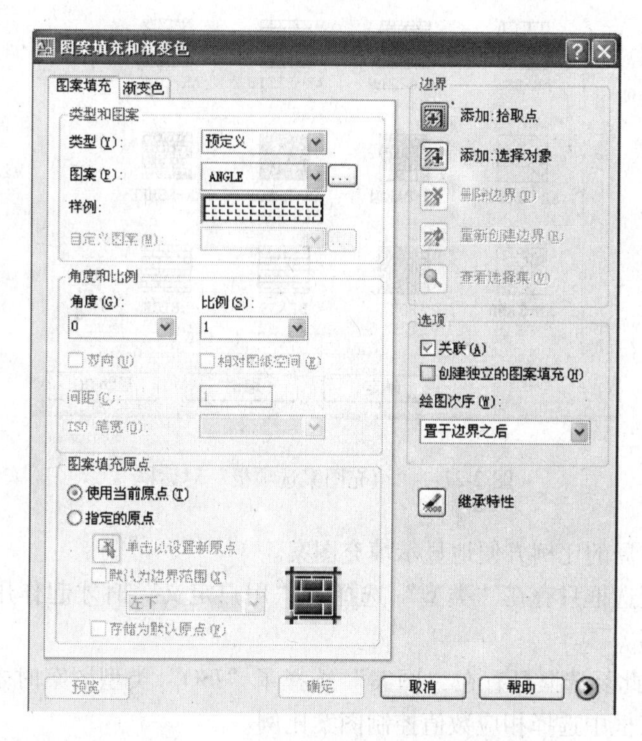

图 2-26 “图案填充和渐变色”选项卡

1）“图案填充”选项卡给出了填充的多种属性选择。

①类型：单击下拉箭头可选择方式，分别是“预定义”、“用户定义”、“自定义”3 种类型。

②图案：显示填充图案文件的名称，用来选择填充图案。单击下拉箭头可选择填充图案。也可以点击列表后面的[...]按钮开启“填充图案选项板”对话框，如图 2-27 所示。其中有 4 个选项卡，每个选项卡代表一类图案定义，每类下包含多种图案类型。

③样例：在图案中选中的图案样式会在该显示框中显示出来，方便用户查看所选图案是否合适。单击“样例”右侧的图案，同样会弹出如图 2-27 所示的对话框。

④角度：图样中剖面线的倾斜角度。

⑤比例：图样填充时的比例因子。确定图案填充时的比例，即控制填充的疏密程度。

⑥双向：此选项在“类型”下拉列表框中选用“用户定义”选项才可以使用。即默认为一组平行线组成填充图案，选中时为两组相互正交的平行线组成填充图案。

⑦相对图纸空间：用于控制是否相对于图纸空间单位确定填充图案的比例。此选项优

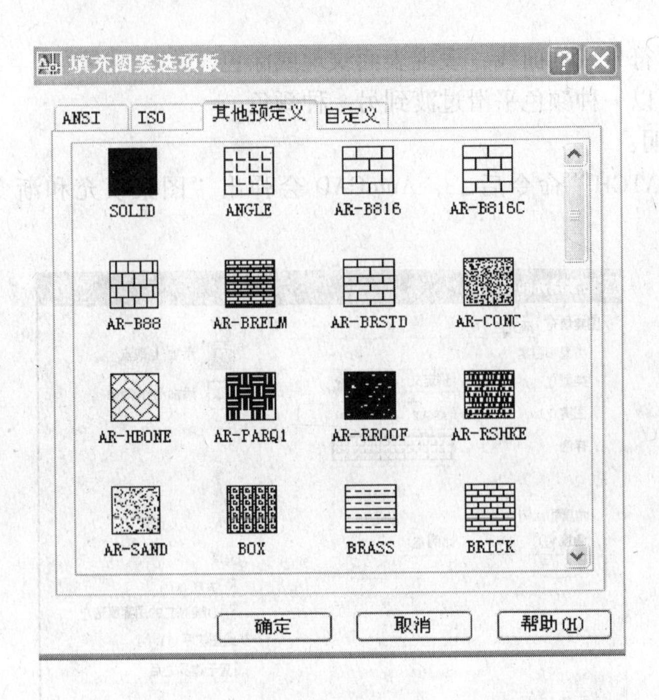

图 2-27　“填充图案选项板”对话框

势在于可以按照布局的比例方便地显示填充图案。

⑧间距：此复选框只有在“类型”选择为“用户定义”时才起作用，即用于确定填充平行线间的距离。

⑨ISO 笔宽：此复选框只有在“图案”选择了“ISO”类型图案时才允许用户进行设置，即在下拉列表框中选择相应数值控制图案比例。

⑩图案填充原点：原点用于控制图案填充原点的位置，也就是图案填充生成的起点位置。默认情况下，所有图案填充原点都对应于当前的 UCS 原点。也可以选择“指定的原点”及下面一级的选项重新指定原点。

2)“渐变色”选项卡。单击“渐变色”标签，打开如图 2-28 所示的选项卡，其中各选项含义如下：

①“单色”：单击此按钮，系统应用单色对所选择的对象进行渐变填充。其下边的显示框显示了用户所选择的真彩色，单击右边□小按钮，系统会弹出“选择颜色”对话框，如图 2-28 所示。

②“双色”：单击此按钮，系统应用双色对所选择的对象进行渐变填充。填充颜色将从颜色 1 渐变到颜色 2，颜色 1 和颜色 2 的选取与单色选取类似。

③“居中”：复选框决定渐变填充是否居中。

3)“边界”选项卡的操作包括：

①“添加：拾取点”：是通过在填充区域内部指定任意一点来确定需要填充的区域，是图案填充中最常见的一种方式。

②“添加：选择对象”：通过鼠标拾取要填充的对象，如图 2-29 所示。

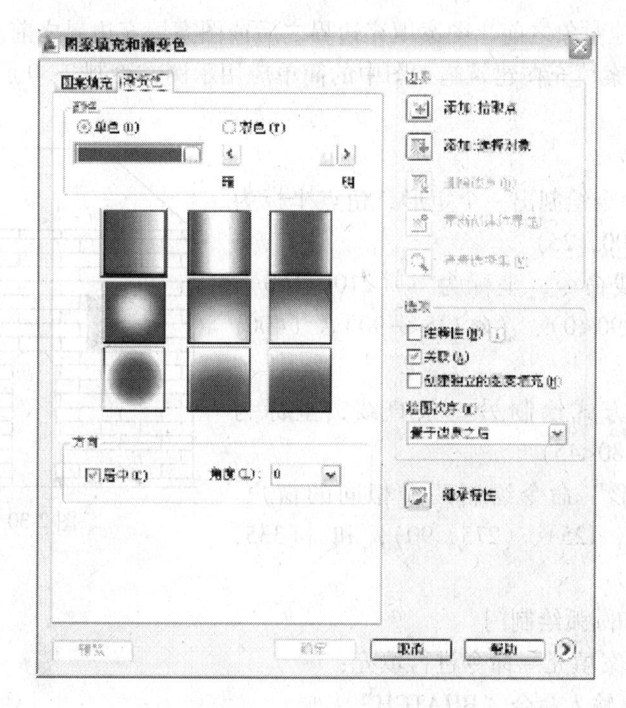

图 2-28　“渐变色”选项卡

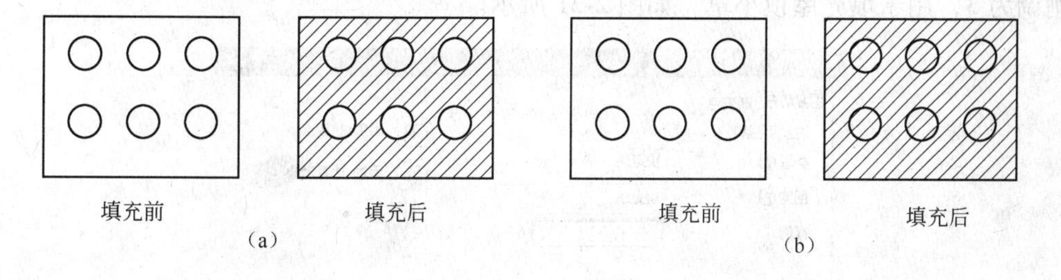

图 2-29　拾取点填充与选择对象填充的效果区别

(a) 通过拾取点填充的效果；(b) 通过选择对象填充的效果

③删除边界：从边界定义中删除以前添加的边界。

④重新创建边界：重新创建新边界。

⑤查看选择集：关闭对话框，并使用当前的图案填充或填充设置显示当前定义的边界，注意如果未定义边界，此选项不可用。

4）“选项”选项卡有多个选项：

①注释性：此选项用于确定图案填充是否有注释性。

②关联：控制图案填充或填充的关联，关联的图案填充或渐变色填充在用户修改其边界时将会更新。

③创建独立的图案填充：控制当指定几个独立的闭合边界时，是创建单个图案填充对象，还是创建多个图案填充对象。

④绘图次序：指定图案填充或渐变色填充指定绘图次序，图案填充可以放在所有其他

对象之后、所有其他对象之前、图案填充边界之后或图案填充边界之前。

【例 2-5】 图案填充在建筑施工图中的简单应用示例，绘制 2-30 所示的图形。

步骤如下：

（1）绘制外框：

1）执行矩形命令绘制出一个矩形，角点坐标为（210，160）和（400，25）。

2）再执行直线命令，坐标为｛（210，160）、（@80<45）、（@190<0）、（@135<-90）、（400，25）｝。

3）用相同的方式绘制另一条直线，坐标为｛（400，25）、（@80<45）｝。

4）执行“矩形”命令绘制两个相同的窗户。坐标分别是｛(230，125)、(275，90)｝和｛(335，125)、(380，90)｝。

5）执行直线和圆弧绘制门。

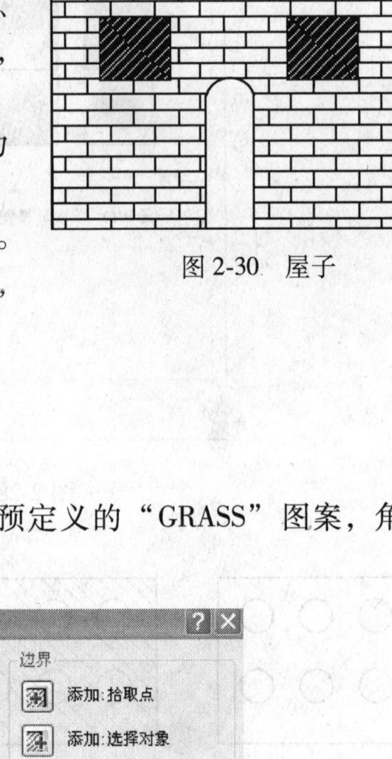

图 2-30 屋子

（2）利用“图案填充”命令进行填充：

1）填充屋顶。输入命令“BHATCH”↵。

2）弹出“图案填充和渐变色”对话框，选择预定义的“GRASS”图案，角度为 0，比例调为 3，用于填充屋顶小草，如图 2-31 所示。

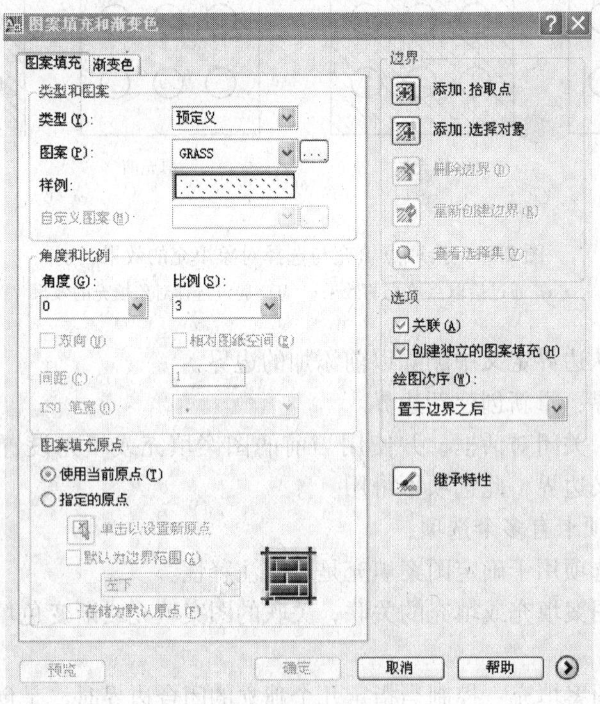

图 2-31 “图案填充”设置

3）选择内部点。按“拾取点”按钮，用鼠标在屋顶内拾取一点，如图 2-32 所示点

A↵。

4）返回“图案填充和渐变色”对话框，单击“确定”按钮，系统以选定的图案进行填充。

5）填充窗户。执行“BHATCH”命令，选择预定义的“ANSI31”图案，角度为0，比例为1，拾取如图2-32所示，B、C两个位置的点填充窗户。

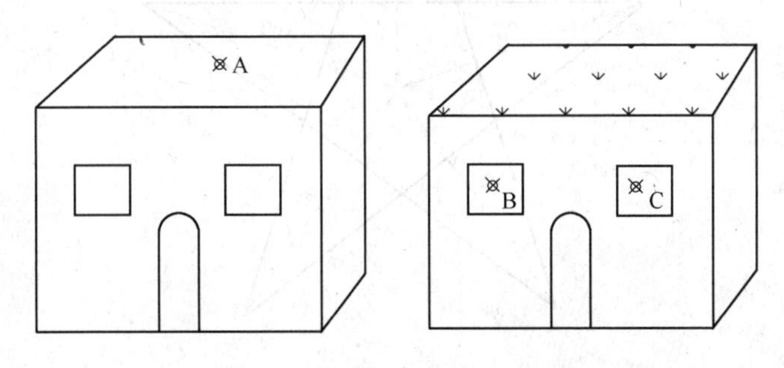

图2-32 拾取点A、B、C的位置

6）填充正面墙，执行“BHATCH”命令，选择其他预定义“AR-BRSTD”图案，角度为0，比例调为0.5，拾取如图2-33所示D位置的点填充小屋前面的砖墙。

7）填充侧面墙。执行“BHATCH”命令，单击“渐变色”选项卡选择指定颜色后拾取如图2-33所示E位置的点填充小屋前面的砖墙。

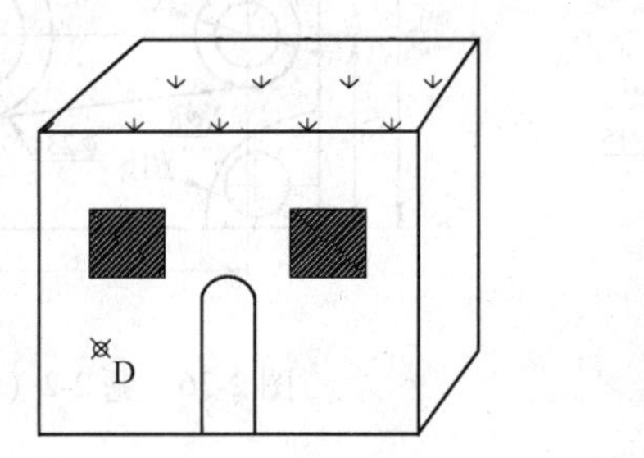

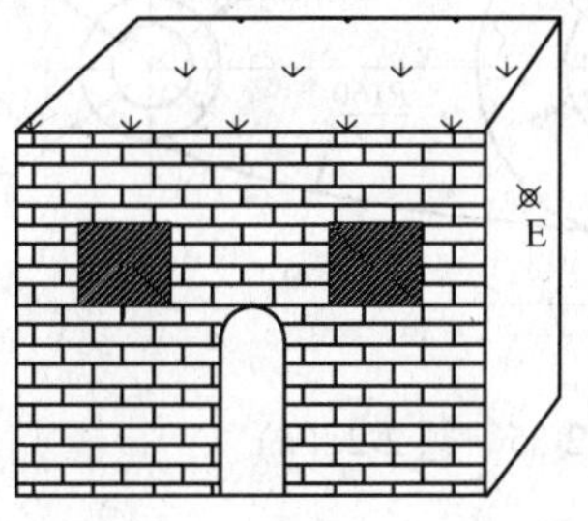

图2-33 填充后的小屋

思考与能力训练题

2-1 绘制五角星如图2-34所示。

2-2 运用直线、圆、圆弧等绘图命令绘制如图2-35～图2-40所示的图形。

2-3 运用矩形、正多边形等绘图工具绘制如图2-41～图2-44所示的图形。

2-4 运用椭圆、椭圆弧绘制如图2-45所示的图形。

2-5 运用直线、圆、曲线等绘制如图2-46所示的图形。

2-6 绘制简单建筑平面图。如图2-47所示。

2-7 运用图案填充命令绘制剖面线。如图2-48所示。

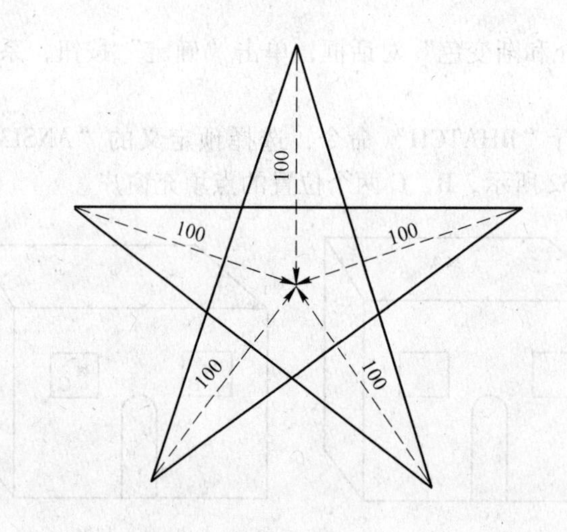

图 2-34　题 2-1

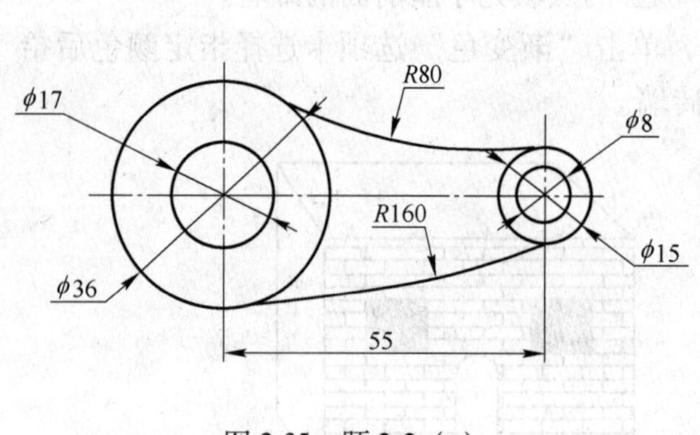

图 2-35　题 2-2（a）

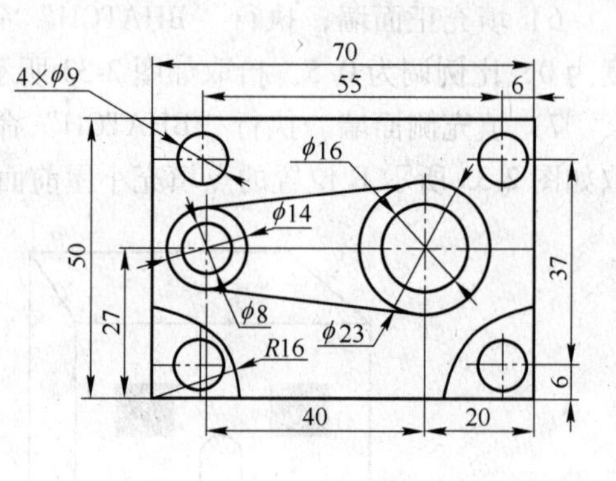

图 2-36　题 2-2（b）

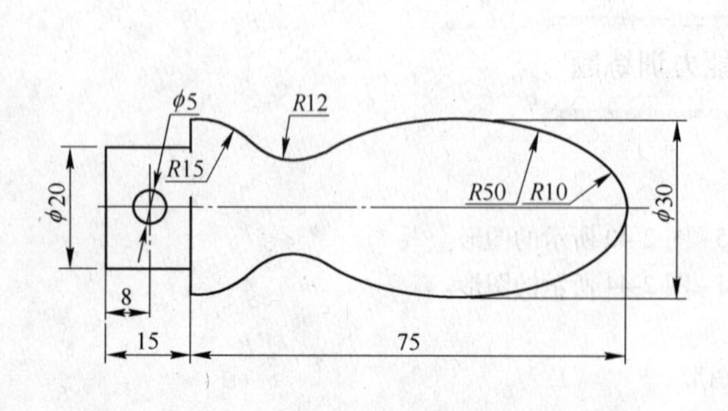

图 2-37　题 2-2（c）

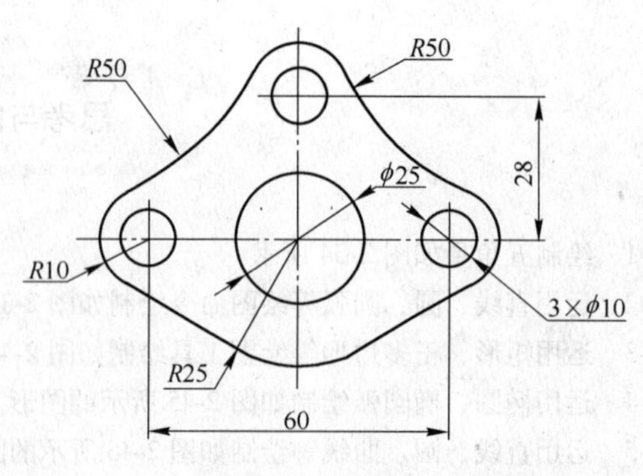

图 2-38　题 2-2（d）

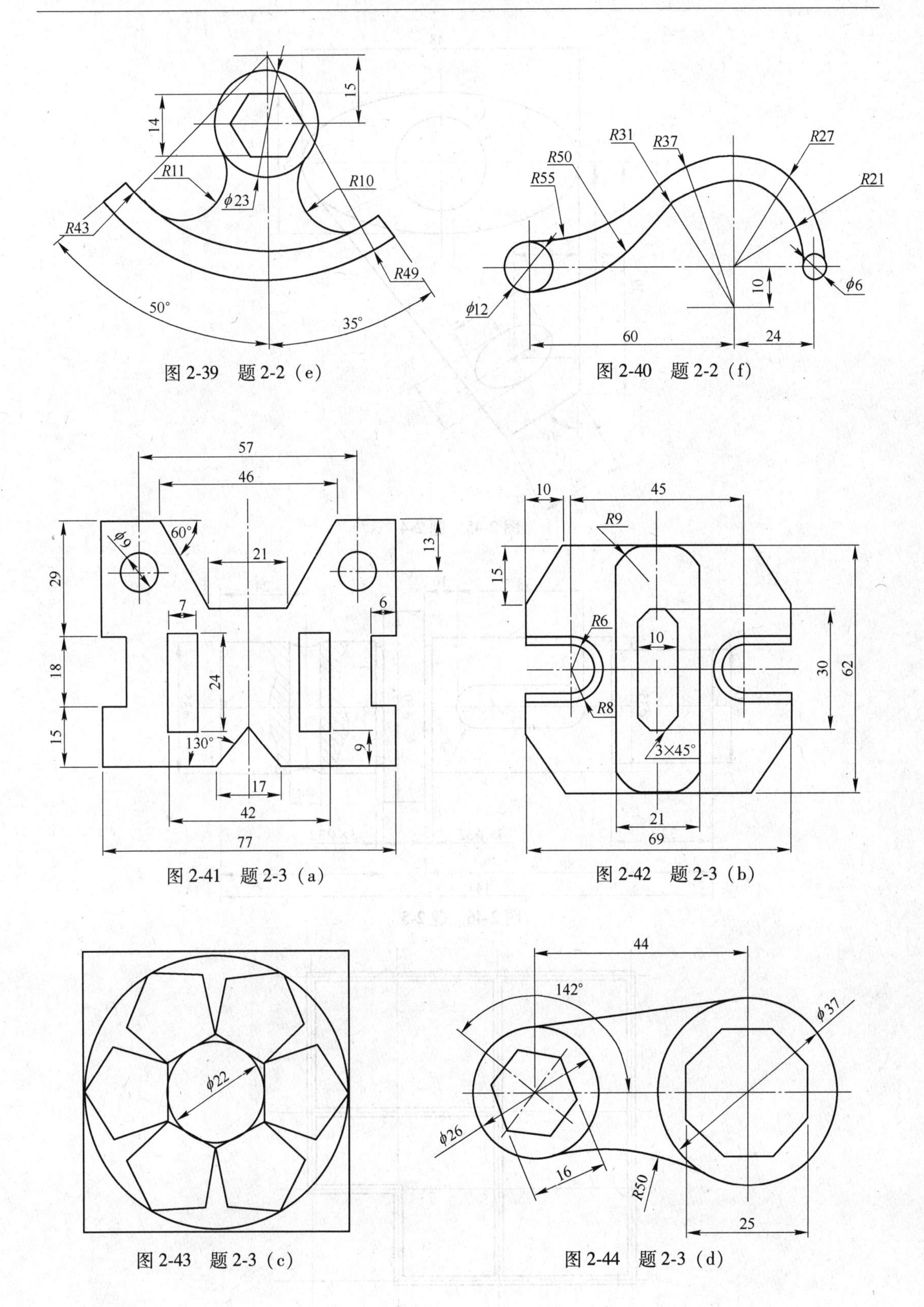

图 2-39　题 2-2（e）

图 2-40　题 2-2（f）

图 2-41　题 2-3（a）

图 2-42　题 2-3（b）

图 2-43　题 2-3（c）

图 2-44　题 2-3（d）

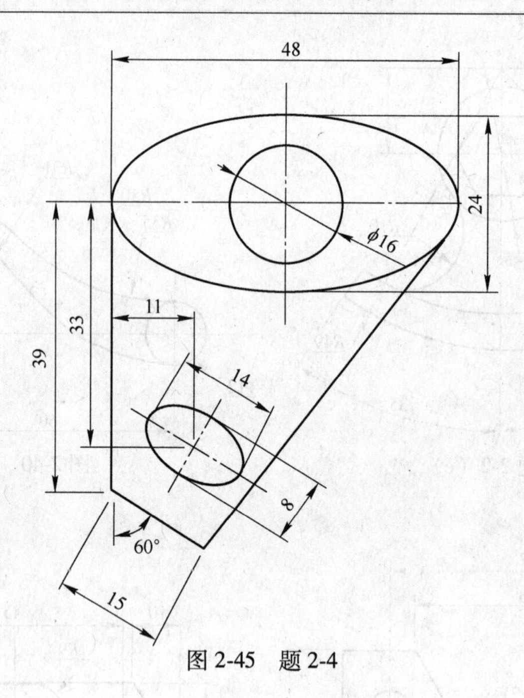

图 2-45　题 2-4

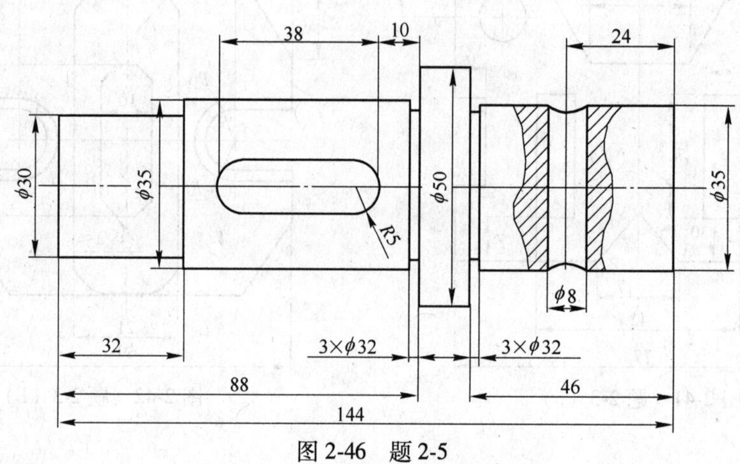

图 2-46　题 2-5

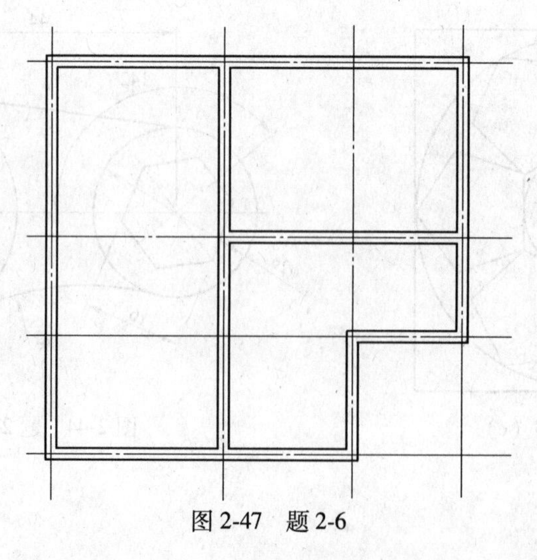

图 2-47　题 2-6

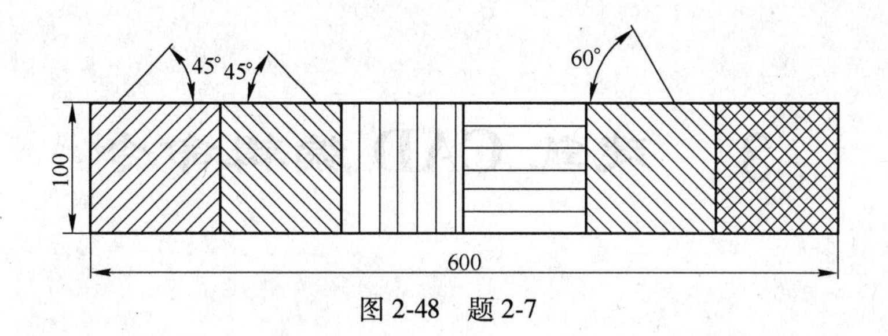

图 2-48　题 2-7

3 建筑 CAD 编辑命令

学习目标

知识目标：掌握二维编辑命令的使用和基本技巧。

（1）掌握图形对象的选择方法；
（2）掌握图形对象的复制、移位方法；
（3）掌握图形对象的修改、编辑的方法；
（4）掌握夹点编辑的用法。

能力目标：培养学生能灵活的使用编辑命令，掌握使用技巧。

（1）能熟练应用编辑命令绘图；
（2）能灵活使用编辑命令修改图纸；
（3）能熟练使用夹点编辑图形。

素质目标：

（1）培养学生诚恳、虚心、勤奋好学的学习态度和科学严谨、实事求是、爱岗敬业、团结协作的工作作风；
（2）培养学生树立质量意识、安全意识、标准和规范意识以满足专业岗位的要求。

3.1 对象选择、夹点编辑、删除命令

3.1.1 对象选择

（1）对象选择命令执行方式：

1）单击图形对象创建选择集，逐一单击工作界面上的对象，构成选择集。

2）用矩形框创建选择集，直接用鼠标指针指定矩形框的一个角点，然后拖动鼠标指针选择下一个角点，完成选择。

（2）功能：

1）单个图形选择。

2）部分图形选择。

（3）对象选择的应用举例，如图 3-1、图 3-2 所示。

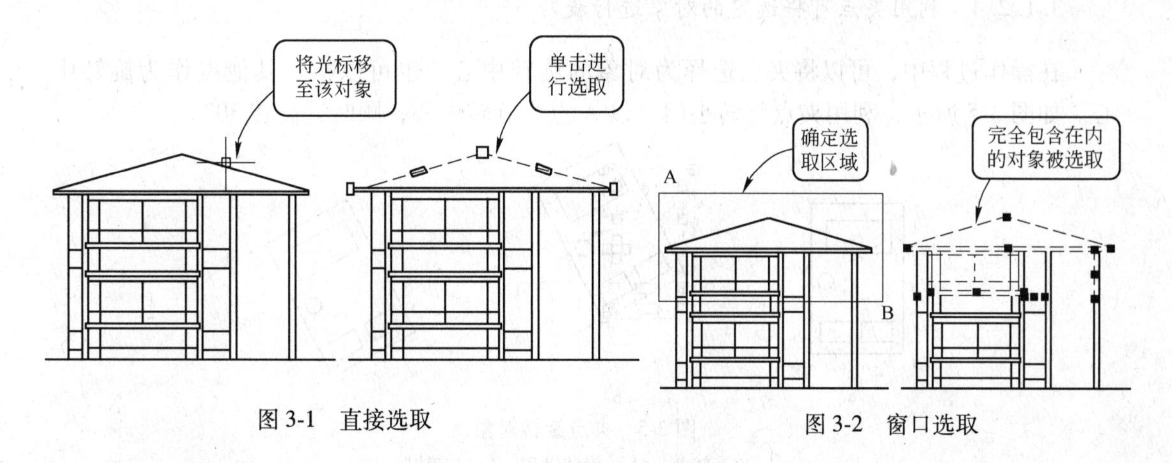

图 3-1 直接选取　　图 3-2 窗口选取

3.1.2 夹点编辑

3.1.2.1 夹点编辑命令执行方式

夹点是指图形对象上可以控制对象位置、大小的关键点。使用夹点编辑图形时，要先选择作为基点的夹点，这个夹点称为基夹点；选择夹点后可以进行移动、拉伸、旋转等操作。

3.1.2.2 利用夹点移动或复制对象

利用夹点移动对象的方法如下：先选中要移动的夹点，再移动光标，则所选对象会和光标一起移动，在目标点单击即可。示例如图 3-3 所示。

利用夹点复制对象的方法如下：先选中要复制对象的夹点，然后在按 Ctrl 键的同时移动光标，即可复制对象，多次单击可复制多个对象，按 Enter 键结束复制操作。

3.1.2.3 利用夹点拉伸对象

当选中的夹点是线条的端点时，将选中的夹点移动到新位置即可拉伸对象，如图 3-4 所示。

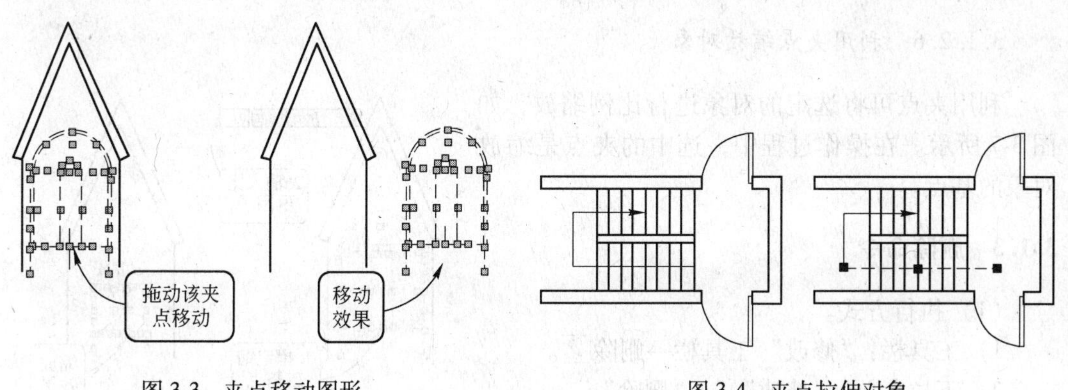

图 3-3 夹点移动图形　　图 3-4 夹点拉伸对象

3.1.2.4　利用夹点可将选定的对象进行旋转

在操作过程中，可以将夹点选择为对象的旋转中心，也可以指定其他点作为旋转中心。如图 3-5 所示，利用夹点旋转小门，以 A 点为旋转中心，顺时针旋转 30°。

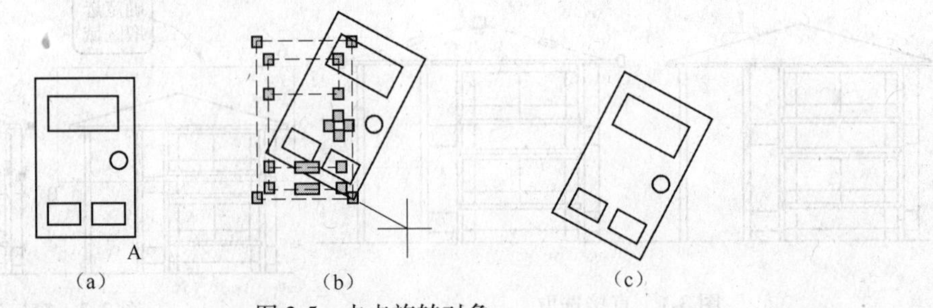

（a）　（b）　（c）

图 3-5　夹点旋转对象

（a）旋转前；（b）旋转过程；（c）旋转后

3.1.2.5　利用夹点镜像对象

利用夹点可将选定的对象进行镜像。在操作过程中，选中的第一个夹点是镜像线的第一点，选中的第二个夹点是镜像线的第二点，两点形成一条镜像线，图形沿这条镜像线进行镜像。示例如图 3-6 所示。

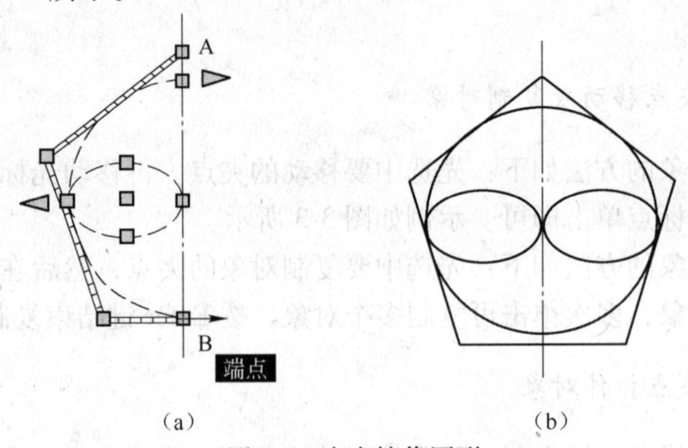

（a）　（b）

图 3-6　夹点镜像图形

（a）利用夹点镜像前；（b）利用夹点镜像后

3.1.2.6　利用夹点缩放对象

利用夹点可将选定的对象进行比例缩放，如图 3-7 所示。在操作过程中，选中的夹点是缩放对象的基点。

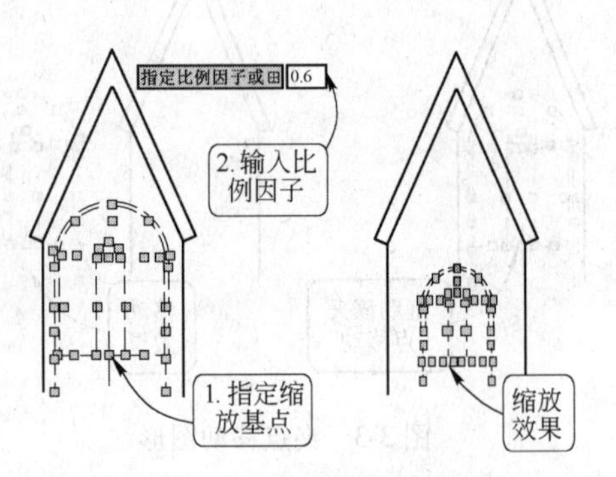

图 3-7　夹点缩放图形

3.1.3　删除命令

（1）执行方式。

1）工具栏：“修改”工具栏→删除。

2）下拉菜单：“修改”→“删除”。

3）命令行：输入“ERASE”（E）↵。

（2）功能：使用“删除”命令，会把已选择的对象从绘图界面中删除。

3.2　修剪、延伸命令

3.2.1　修剪命令

（1）执行方式。

1）工具栏：“修改”工具栏→“修剪”。

2）下拉菜单：“修改”→“修剪”。

3）命令行：输入“TRIM”（或 TR）↵。

（2）功能：修剪指定的对象，即删除对象的一部分。

（3）图形修剪前后对照，如图 3-8 所示。

3.2.2　延伸命令

（1）执行方式。

1）工具栏：“修改”工具栏→“延伸”。

2）下拉菜单：“修改”→“延伸”。

3）命令行：输入“EXTEND”（或 EX）↵。

（2）功能：延长指定的对象，使其到达图中选定的边界（又称为边界边）。

（3）对象延伸效果，如图 3-9 所示。

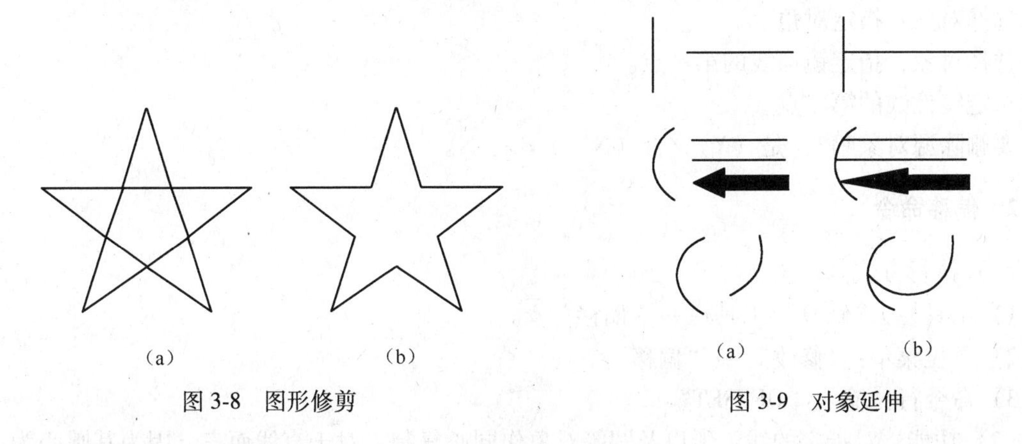

(a)　(b)

图 3-8　图形修剪

(a)　(b)

图 3-9　对象延伸

3.3　镜像、偏移命令

3.3.1　镜像命令

（1）执行方式。

1）工具栏：“修改”工具栏→“镜像”。

2）下拉菜单：“修改”→“镜像”。

3）命令行：输入“MIRROR”（或 MI）↵。

（2）功能：将指定的图形对象按镜像方式复制到指定的位置。

（3）镜像在建筑制图中的应用，如图 3-10 所示。

图 3-10　沙发镜像

（4）多个图像镜像命令应用，如图 3-11 所示。

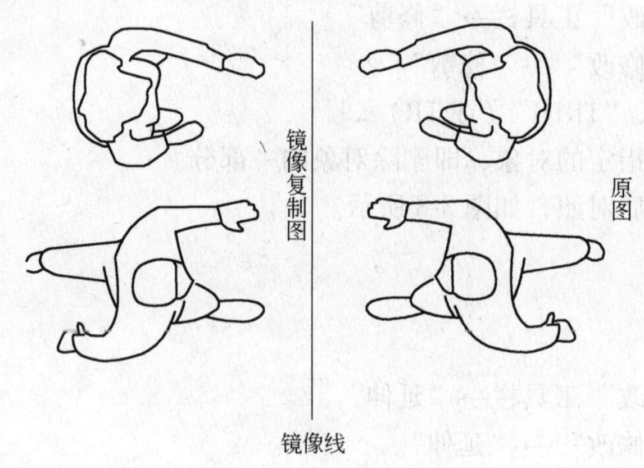

图 3-11　多个图形镜像

绘制步骤：

命令：MIRROR。

选择对象：指定对角点。

选择对象：指定镜像线的第一点。

指定镜像线的第二点。

要删除源对象吗？［是（Y）/否（N）］d>：N。

3. 3. 2　偏移命令

（1）执行方式。

1）工具栏："修改"工具栏→"偏移"。

2）下拉菜单："修改"→"偏移"。

3）命令行：输入"OFFSET"↵。

（2）功能：对指定的线、弧以及圆等对象作同心复制。对于直线而言，因为其圆心为无穷远，所以直线的偏移是平行移动。不同对象偏移效果，如图 3-12 所示。

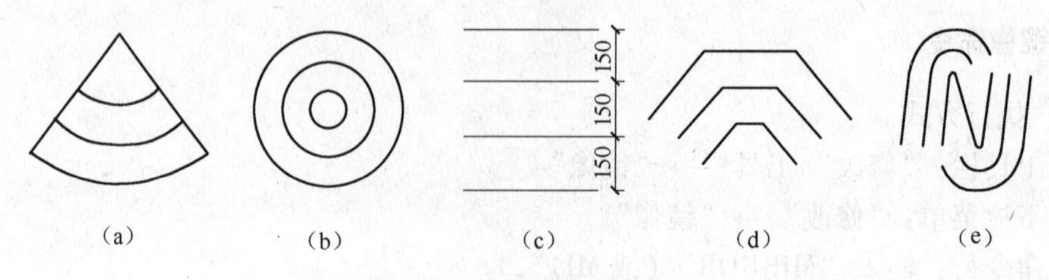

图 3-12　不同对象偏移效果

（a）圆弧；（b）圆；（c）直线；（d）多段线；（e）样条曲线

（3）偏移在建筑制图中的应用，如图 3-13 所示。

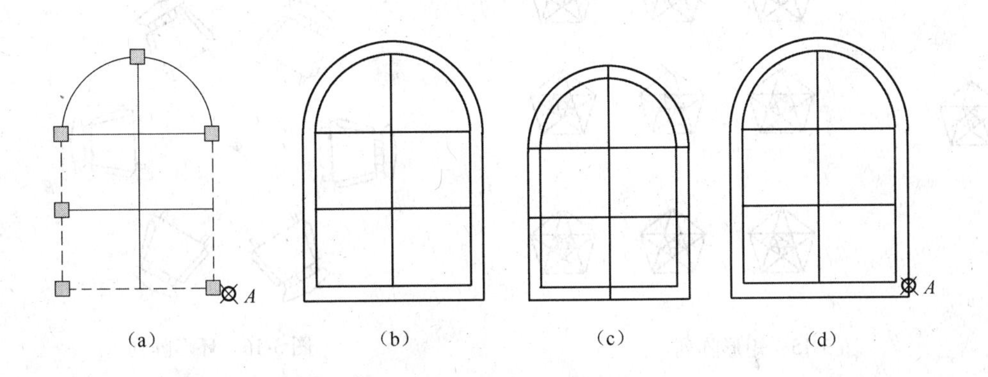

图 3-13 偏移窗户轮廓线

（a）原图；（b）在虚线的外侧单击；（c）在虚线内侧单击；（d）指定通过点

3.4 阵列命令

（1）执行方式。

1）工具栏：“修改”工具栏→“阵列”▦。

2）下拉菜单：“修改”→“阵列”。

3）命令行：输入“ARRAY”（或 AR）↵。

（2）功能：按矩形、环形或路径的方式复制选定的对象，把原来的对象按指定的格式及方式作有规律的多重复制，如图 3-14 为“阵列”对话框。

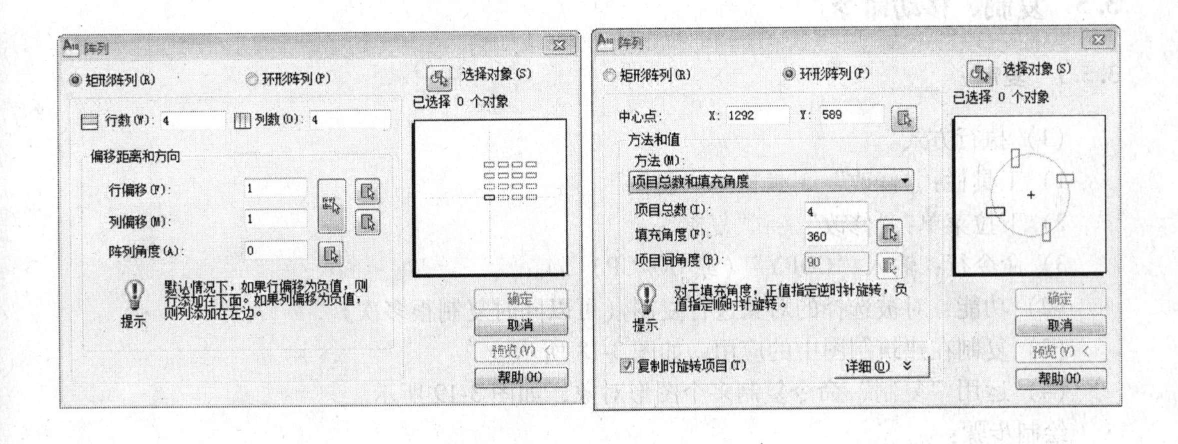

图 3-14 “阵列”对话框

（3）阵列命令应用，图 3-15 为矩形阵列，图 3-16 为环形阵列，图 3-17 为路径阵列。

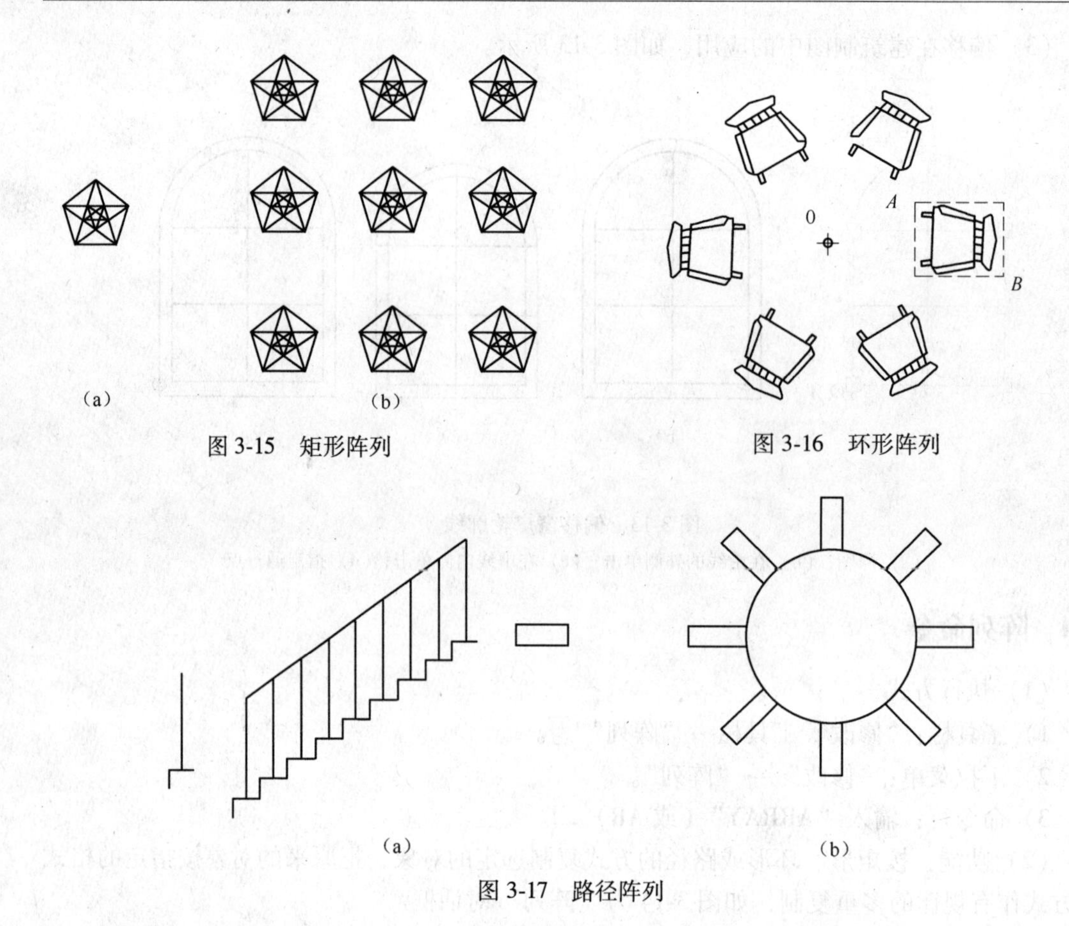

图 3-15　矩形阵列

图 3-16　环形阵列

图 3-17　路径阵列

3.5　复制、移动命令

3.5.1　复制

（1）执行方式。

1）工具栏："修改" 工具栏→"复制"。

2）下拉菜单："修改" → "复制"。

3）命令行：输入"COPY"（或 CO/CP）↵。

（2）功能：对被选择的对象进行复制（可以同时复制很多次）。

（3）复制在建筑制图中的应用，如图 3-18 所示。

（4）运用"复制" 命令复制多个图形对象，如图 3-19 所示。

绘制步骤：

命令：COPY。

选择对象：指定对角点：找到 2 个。

当前设置：复制模式—多令。

指定基点或［位移（D）/模式（O）］<位移>。

指定第二个点或［阵列（A）］<使用第一个点作为位移>。

指定第二个点或［阵列（A）/退出（E）/放弃（u）］<退出>。

图 3-18 复制图书

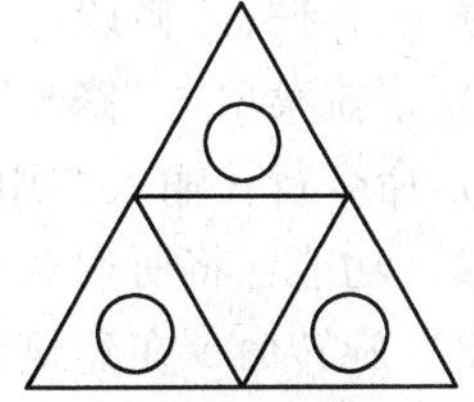

图 3-19 多个对象复制

3.5.2 移动

(1) 执行方式。

1) 工具栏："修改" 工具栏→ "移动"。

2) 下拉菜单："修改" → "移动"。

3) 命令行：输入 "MOVE" ↵。

(2) 功能：将指定的对象移到指定的位置，而不改变图形对象其他的特性。

(3) 移动在建筑制图中的应用，如图 3-20 所示。

(4) 将现有的图形移动到指定的位置，如图 3-21 所示。

(a) 原图

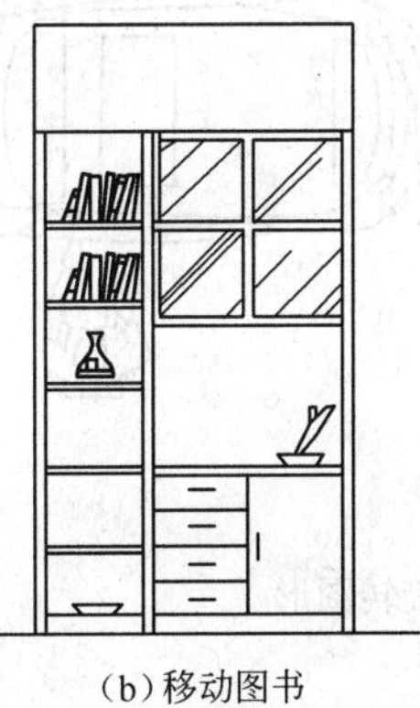

(b) 移动图书

图 3-20 移动图书

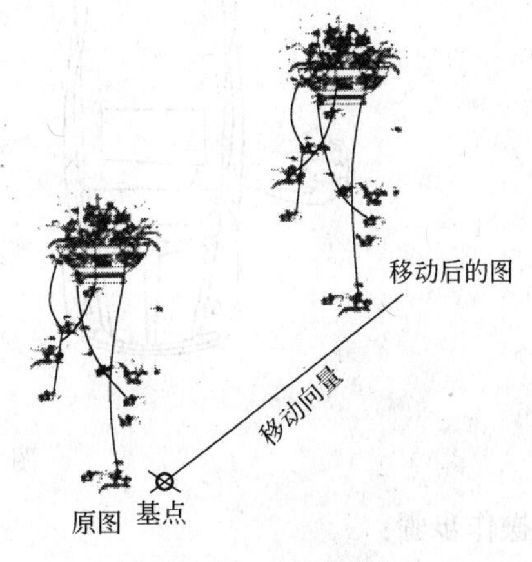

图 3-21 图形移动

绘制步骤：

命令："MOVE" ↵。

选择对象：指定对角点：找到 2612 个。

选择对象：↵。

指定基点或 L 位移（D）_ J<位移>：指定第二个点或使用第一个点作为位移。

3.6　旋转、缩放、拉伸命令

3.6.1　旋转

（1）执行方式。

1）工具栏：“修改”工具栏→“旋转”。

2）下拉菜单：“修改”→“旋转”。

3）命令行：输入“ROTATE”↵。

（2）功能：将所选对象绕指定点（称为旋转基点）旋转指定的角度。

（3）旋转命令在建筑制图中应用，如图 3-22 所示。

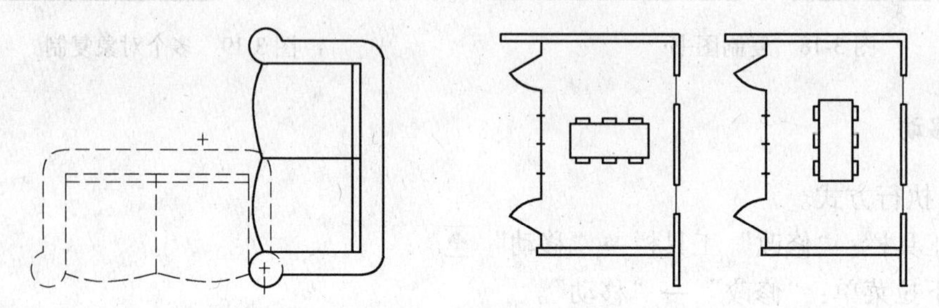

图 3-22　旋转图例

（4）把图 3-23 的图形（a）进行旋转为（b），如图 3-23 所示。

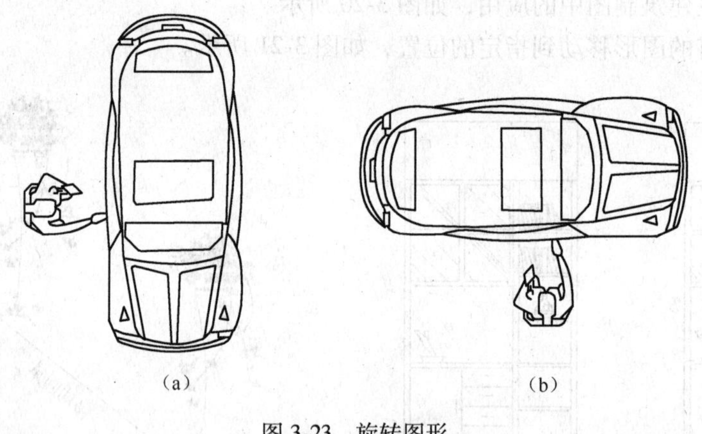

图 3-23　旋转图形

操作步骤：

命令：“ROTATE”↵。

UCS 当前的正角方向：ANGDIR＝逆时针 ANGBASE＝0。

选择对象：“w”↵。

指定第一个角点：指定对角点：找到 208 个。

选择对象：↵。

指定基点：

指定旋转角度，或［复制（c）/参照（R）］<0>：90↵。

本例操作把图形旋转 90°，由于图形有很多元素，因此使用 w 参数来选择图形对象。

3.6.2 缩放

(1) 执行方式。

1) 工具栏："修改"工具栏→"缩放"。

2) 下拉菜单："修改"→"缩放"。

3) 命令行：输入"SCALE"(或 SC) ↵。

(2) 功能：将对象按照指定的比例因子相对于指定的基点放大或缩小。

(3) 缩放在建筑制图中的应用，如图 3-24 所示。

图 3-24 图形缩放应用

(4) 将图 3-25 (a) 所示图形按照指定的比例因子进行缩放为图 3-25 (b) 所示。

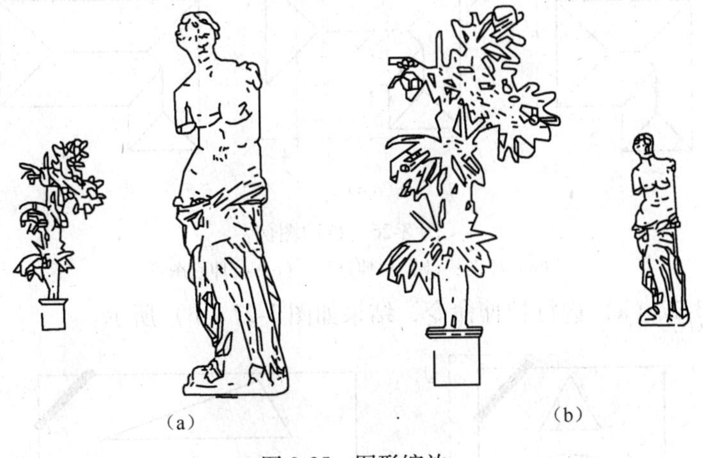

图 3-25 图形缩放

操作步骤：

第一步，放大图形。

命令："SCALE" ↵。

选择对象："w" ↵。

指定第一个角点：指定对角点：找到 1026 个(选定植物)。

选择对象↵。

指定基点(鼠标选取)：

指定比例因子或 [复制 (c) /参照 (R)]：2 (将原来的图形放大一倍)。

第二步，缩小图形。

命令："SCALE" ↵。

选择对象："w" ↵。

指定第一个角点：指定对角点：找到 1301 个（选定雕塑）。

选择对象：↵。

指定基点（鼠标选取）：

指定比例因子或［复制（c）/参照（R）］：0.5↵（将图形缩小为原来的 1/2）。

本例中要将植物放大一倍，将雕塑缩小一半。操作前后的图形，如图 3-25 所示。

3.6.3　拉伸

（1）执行方式。

1）工具栏："修改"工具栏→"拉伸"。

2）下拉菜单："修改"→"拉伸"。

3）命令行：输入"STRETCH"（或 S）↵。

（2）功能：可以移动指定的一部分图形。但用"拉伸"命令移动图形时，这部分图形与其他图形的连接元素，如线（LINE）、圆弧（ARC）、等宽线（TRACE）、多段线（PLINE）等，将受到拉伸或压缩。

（3）拉伸应用示例，如图 3-26 所示。

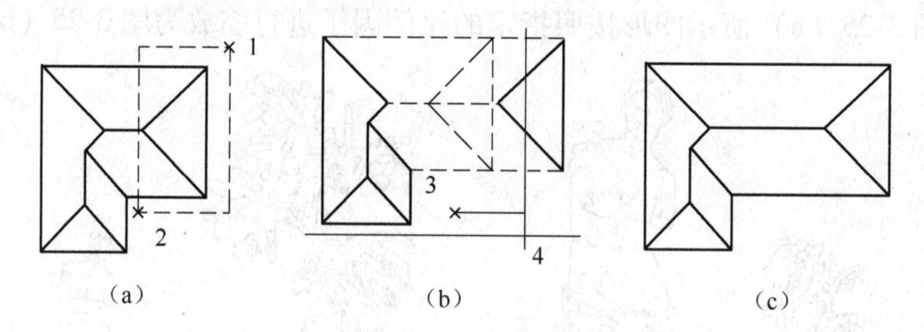

图 3-26　拉伸图例

（a）原图；（b）拉伸过程；（c）拉伸后图形

（4）对图 3-27（a）进行拉伸命令，结果如图 3-27（b）所示。

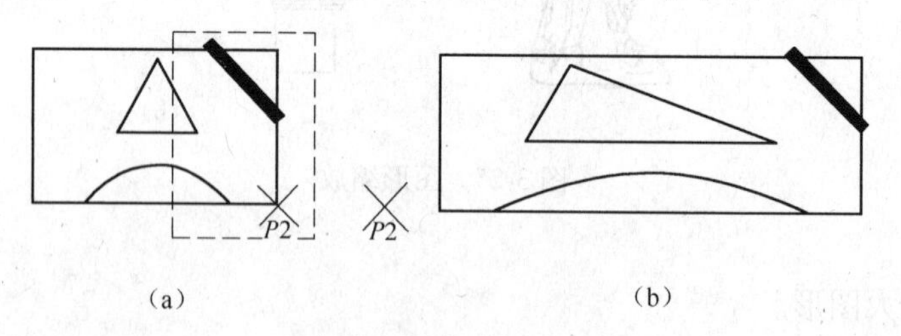

图 3-27　图形对象的拉伸

输入命令："STRETCH" ↵。

以交叉窗口或交叉多边形选择要拉伸的对象…

选择对象："C" ↵。

指定第一个角点：指定对角点。

选择对象：↵。

指定基点或［位移（D）］<位移>：P1。

指定第二个点或使用第一个点作为位移>：P2。

3.7 倒角、圆角命令

3.7.1 倒角

（1）执行方式。

1）工具栏："修改"工具栏→"倒角"。

2）下拉菜单："修改"→"倒角"。

3）命令行：输入"CHAMFER"（或CHA）↵。

（2）功能：对两条直线形成的角按指定的距离倒角。图3-28为倒角对象的不同修剪模式。

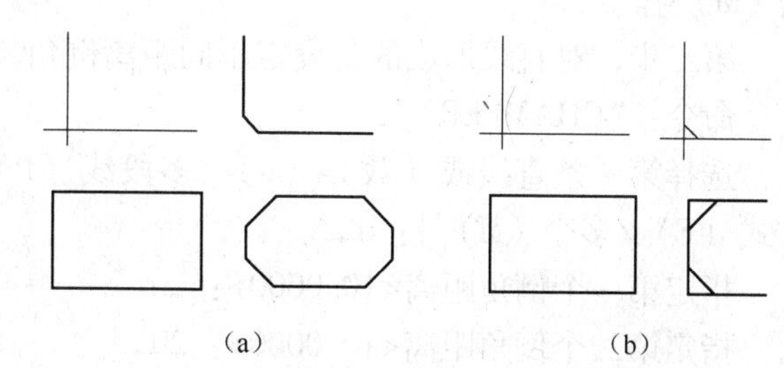

图3-28 倒角对象的不同修剪模式

（a）修剪模式；（b）不修剪模式

（3）倒角在建筑制图中的应用，如图3-29所示。

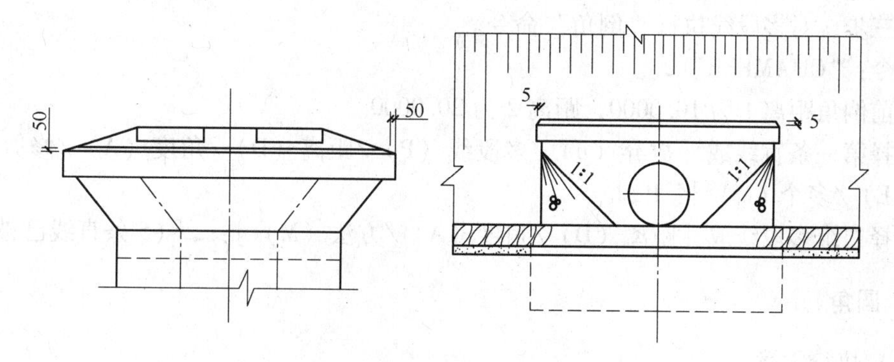

图3-29 倒角应用图例

（4）倒角应用举例对图3-30（a）所示的图形进行倒角。倒角命令的执行结果如图3-30（b）所示。

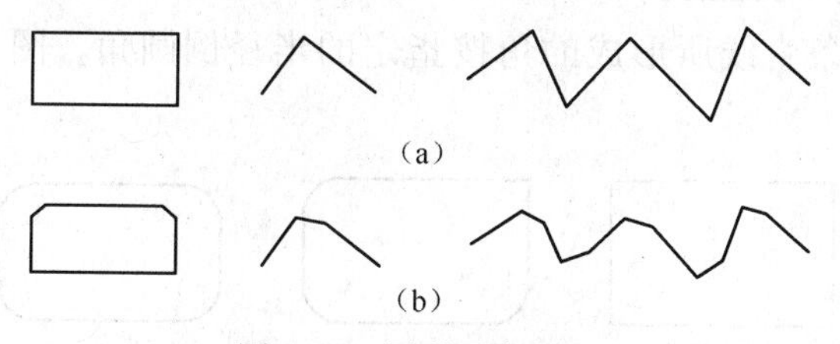

图3-30 图形对象倒角

（a）原图；（b）倒角后的图形

绘制步骤：

第一步，对矩形执行"倒角"命令。

命令："CHAMFER"↵。

选择第一条直线或［放弃（u）/多段线（P）/距离（D）/角度（A）/修剪（T）/方式（E）/多个（M）］：d↵。

指定第一个倒角距离<0.0000>：10；指定第二个倒角距离<10.0000>↵。

选择第一条直线或［放弃（u）/多段线（P）/距离（D）/角度（A）/修剪（T）/方式（E）/多个（M）］↵。

选择第二条直线，或按住 Shift 键选择直线以应用角点或［距离（D）/角度（A）/方法（M）］。

第二步，对直线形成的角设定不同距离倒角。

命令："CHAMFER"↵

选择第一条直线或［放弃（u）/多段线（P）/距离（D）/角度（A）/修剪（T）/方式（E）/多个（M）］：d↵。

指定第一个倒角距离<10.0000>：↵。

指定第二个倒角距离<10.0000>：20↵。

选择第一条直线或［放弃（u）/多段线（P）/距离（D）/角度（A）/修剪（T）/方式（E）/多个（M）］：↵。

选择第二条直线，或按住 Shift 键选择直线以应用角点或［距离（D）/角度（A）/方法（M）］：↵。

第三步，对多段线执行"倒角"命令。

命令："CHAMFER"↵。

当前倒角距离 1 为 10.0000，距离 2 为 20.0000。

选择第一条直线或［放弃（u）/多段线（P）/距离（D）/角度（A）/修剪（T）/方式（E）/多个（M）］：P↵。

选择二维多段线或［距离（D）/角度（A）/方法（M）］：↵（5 条直线已被倒角）。

3.7.2　圆角

（1）执行方式。

1）工具栏："修改"工具栏→"圆角"。

2）下拉菜单："修改"→"圆角"。

3）命令行：输入"FILLET"（F）。

（2）功能：对两条直线所形成的角按指定的半径倒圆角。图 3-31 为多线段倒圆角效果。

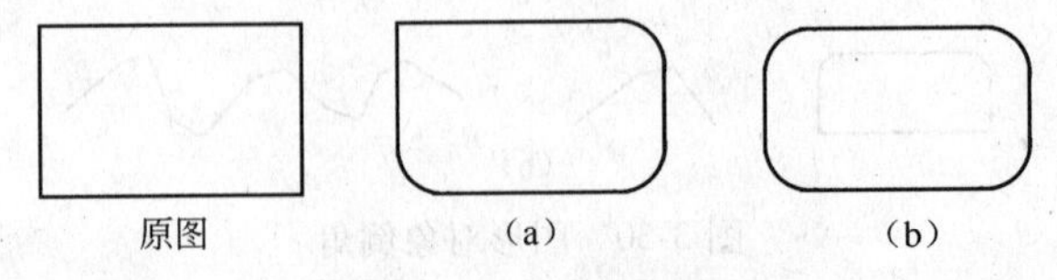

图 3-31　多线段倒圆角效果

（3）倒圆命令的应用（见图 3-32），对图 3-33 进行倒圆角命令操作后，如图 3-34 所示。

（4）对图 3-35（a）所示的图形进行倒圆角。执行结果如图 3-35（b）所示。

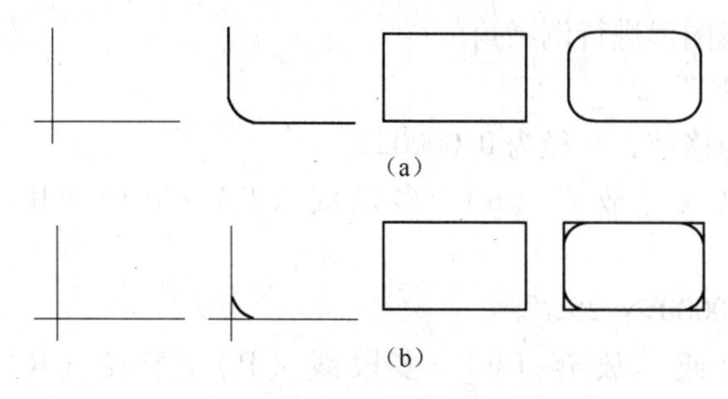

图 3-32 倒圆角对象的不同修剪模式

(a) 修剪模式；(b) 不修剪模式

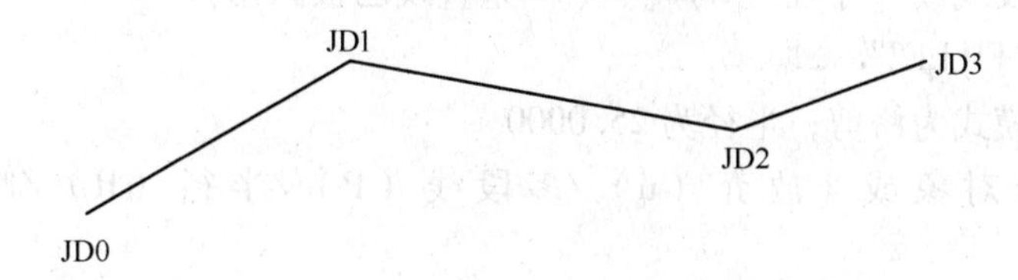

图 3-33 倒圆角前的路线平面

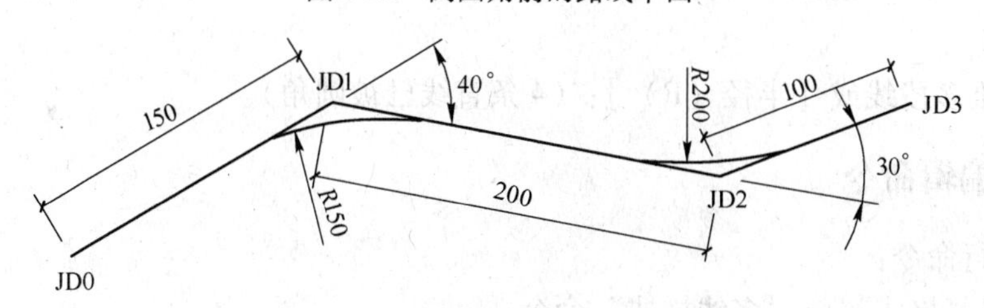

图 3-34 道路平面图中倒圆角的应用

绘制步骤：

第一步，对直线图形进行倒圆角。

输入命令："FILLET"↵。

当前设置为：模式为修剪；半径为 0.0000。

选择第一个对象或［放弃（u）/多段线（P）/半径（R）/修剪（T）/多个（M）］：r↵。

指定圆角半径<0.0000>：40↵。

选择第一个对象或［放弃（u）/多段线（P）/半径（R）/修剪（T）/多个（M）］：↵。

选择第二个对象，或按住 Shift 键选择对象以应用角点或［半径（R）］：↵。

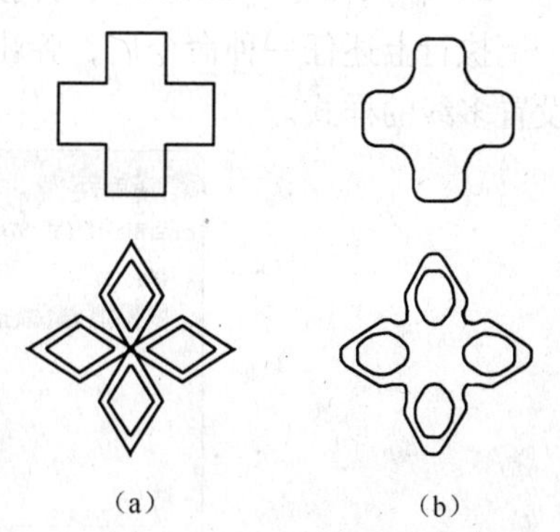

图 3-35 图形的倒圆角

(a) 原图；(b) 圆角后的图

输入命令："FILLET" ↵。

当前设置：模式为修剪；半径为 40.0000。

选择第一个对象或［放弃（u）/多段线（P）/半径（R）/修剪（T）/多个（M）］：m↵。

选择第一个对象或［放弃（u）/多段线（P）/半径（R）/修剪（T）/多个（M）］：↵。

重复以上操作直到得到最终效果。

第二步，对多段线图形进行倒圆角。

输入命令："FILLET" ↵。

当前设置：模式为修剪；半径为 0.0000↵。

选择第一个对象或［放弃（u）/多段线（P）/半径（R）/修剪（T）/多个（M）］：r↵。

指定圆角半径<0.0000>：25↵。

选择第一个对象或［放弃（u）/多段线（P）/半径（R）/修剪（T）/多个（M）］：p↵。

选择二维多段线或［半径（R）］：(16 条直线已被圆角)。

输入命令："FILLET" ↵。

当前设置：模式为修剪；半径为 25.0000。

选择第一个对象或［放弃（u）/多段线（P）/半径（R）/修剪（T）/多个（M）］：m↵。

选择第一个对象或［放弃（u）/多段线（P）/半径（R）/修剪（T）/多个（M）］：p↵。

选择二维多段线或［半径（R）］：(4 条直线已被圆角)。

3.8　多线编辑命令

（1）执行命令：

1）选择"格式"→"多线样式"命令。

2）输入命令"mlstyle"，并按 Enter（回车）键。

执行上述任一种命令后，弹出图 3-36 所示"多线样式"对话框，通过该对话框可以设置多线的样式。

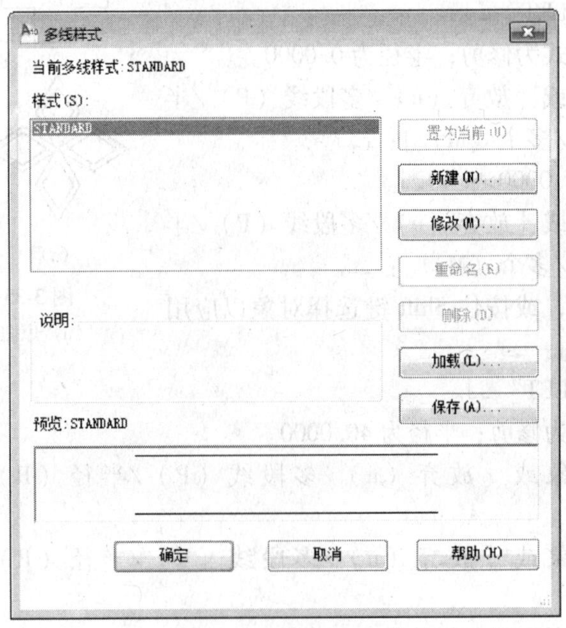

图 3-36　"多线样式"对话框

该对话框中的“新建”按钮用于新建多线样式。单击该按钮，弹出图 3-37 所示的“创建新的多线样式”对话框，在“新样式名”文本框中输入新多线样式的名称，如“S210”，单击“继续”按钮，系统将弹出图 3-38 所示“新建多线样式：S210”对话框，在该对话框中可对新多线样式进行设置。

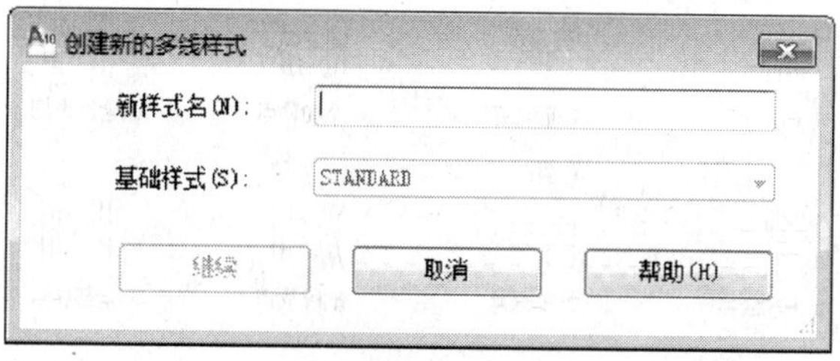

图 3-37 “创建新的多线样式”对话框

图 3-38 “新建多线样式：S210”对话框

可以将已经绘制的多线进行编辑，以便修改其形状。使用“编辑多线”命令可以控制多线之间相交时的连接方式、多线的打断结合，以及增加或删除多线的顶点等。

（2）启用“编辑多线”命令有以下两种方法：

1）选择“修改”→“对象”→“多线”命令。

2）输入命令“mledit”，并按 Enter（回车）键。

执行上述任一种命令后，系统将弹出图 3-39 所示的“多线编辑工具”对话框。

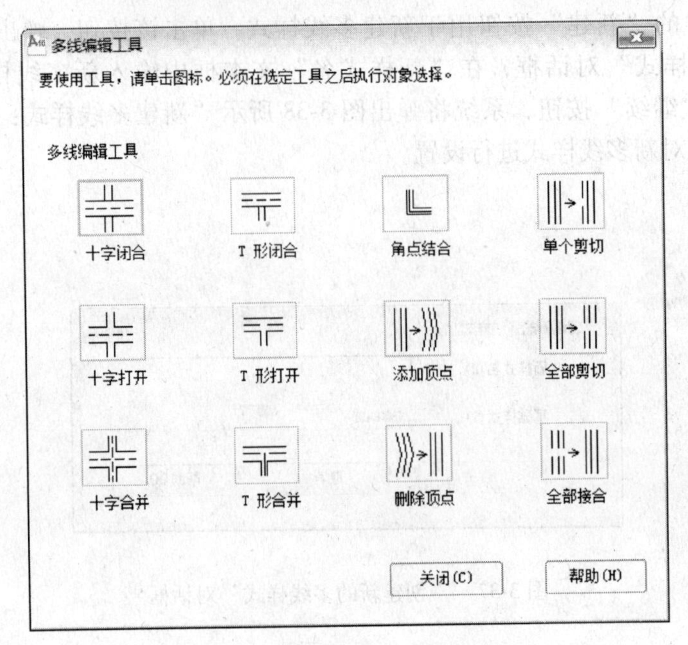

图 3-39　“多线编辑工具”对话框

思考与能力训练题

3-1　利用修剪命令完成图 3-40。

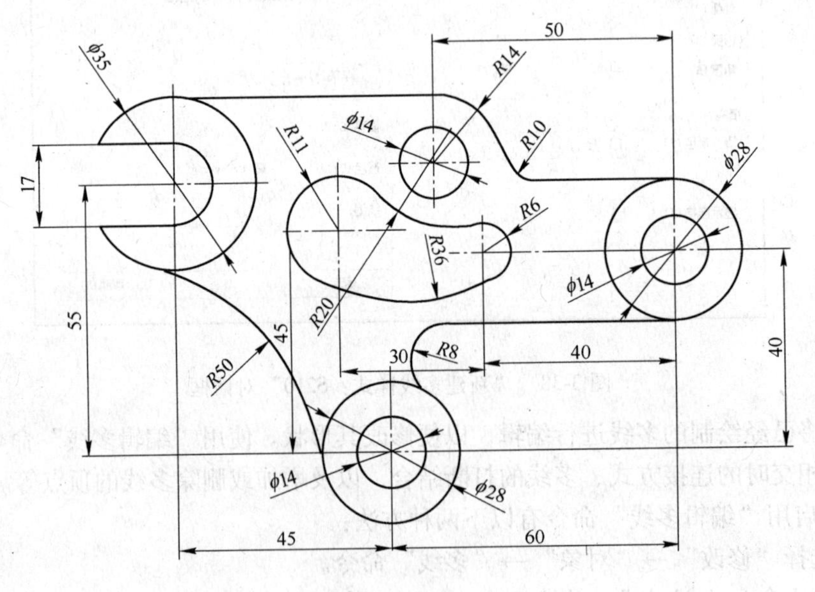

图 3-40　题 3-1

3-2　利用修剪命令完成图 3-41。

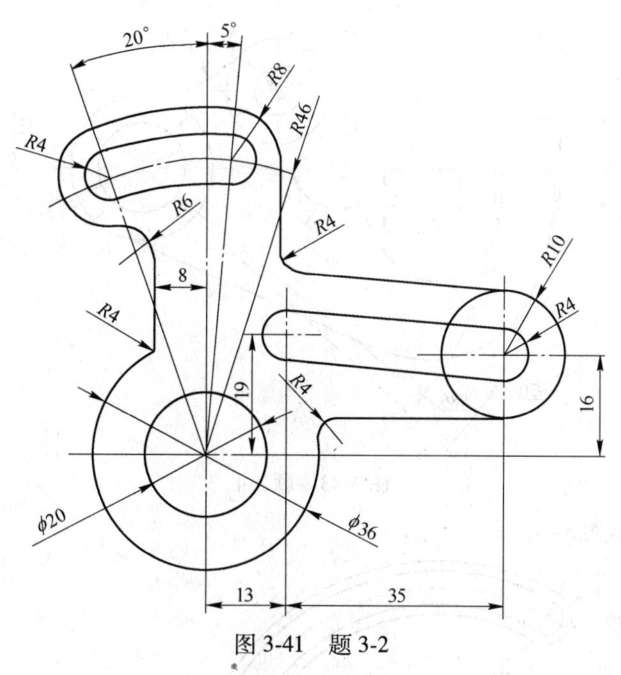

图 3-41　题 3-2

3-3　利用修剪命令完成图 3-42。

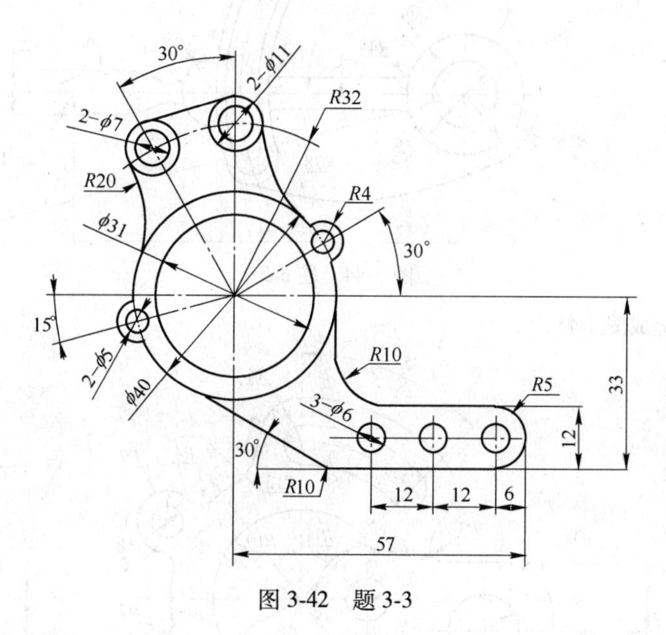

图 3-42　题 3-3

3-4　利用修剪命令完成图 3-43。

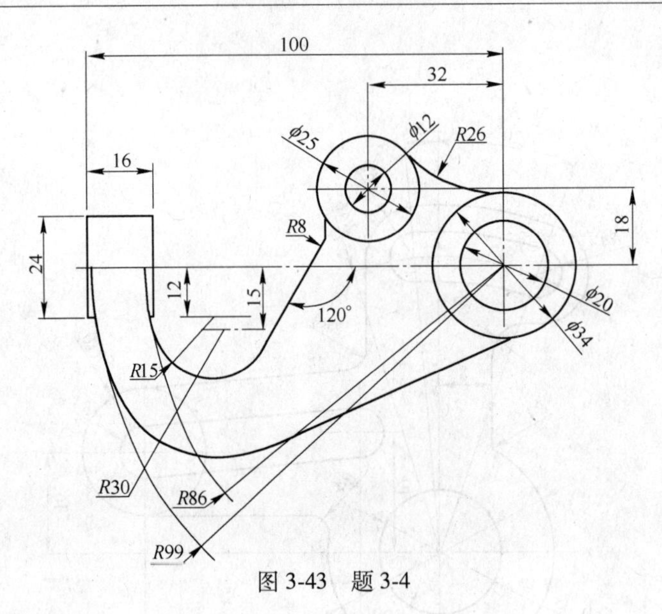

图 3-43　题 3-4

3-5　利用修剪命令完成图 3-44。

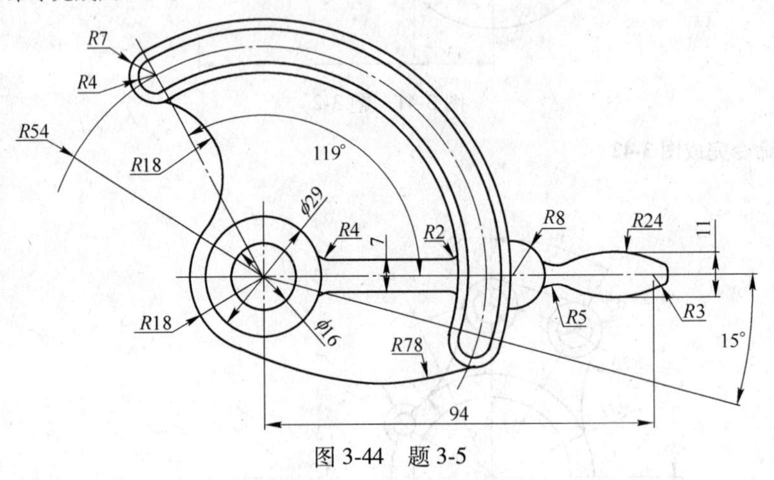

图 3-44　题 3-5

3-6　利用修剪命令完成图 3-45。

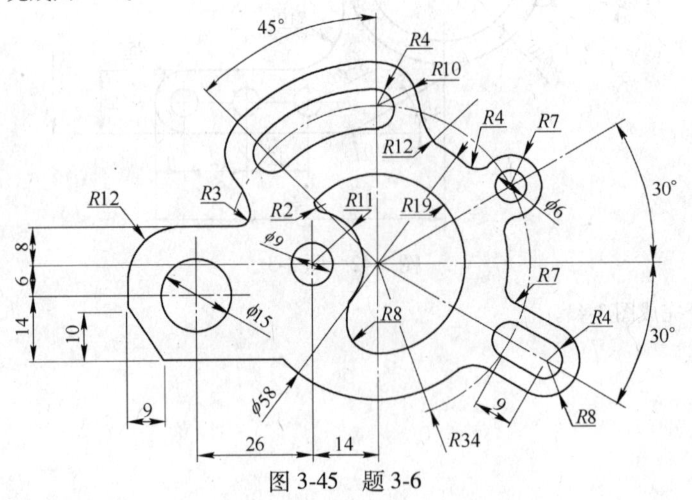

图 3-45　题 3-6

3-7 利用修剪命令完成图 3-46。

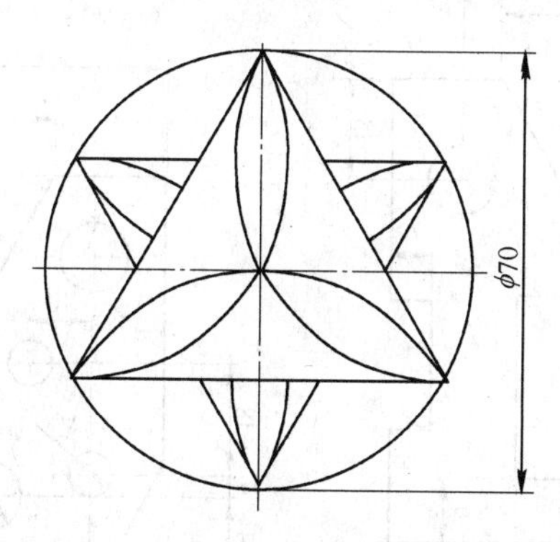

图 3-46 题 3-7

3-8 用镜像命令完成图 3-47~图 3-53。

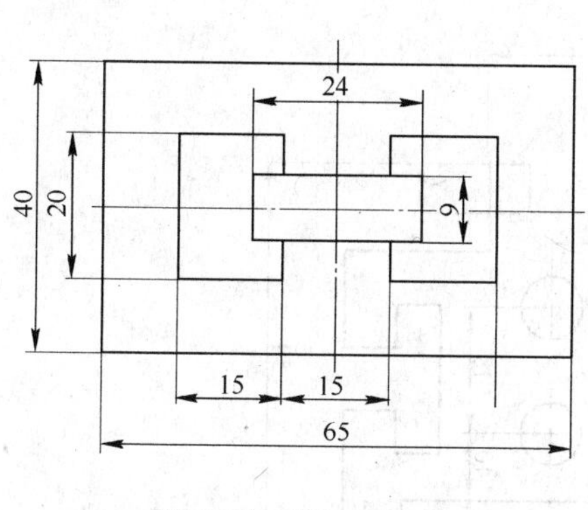

图 3-47 题 3-8（a）

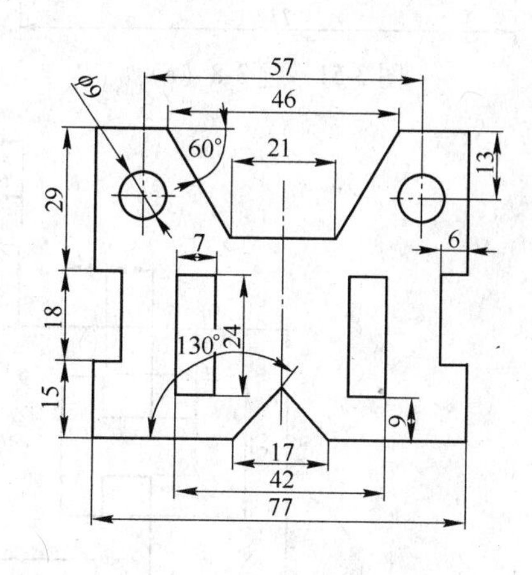

图 3-48 题 3-8（b）

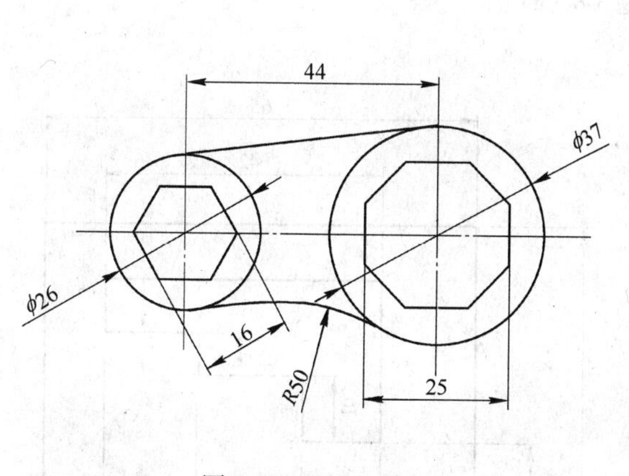

图 3-49 题 3-8（c）

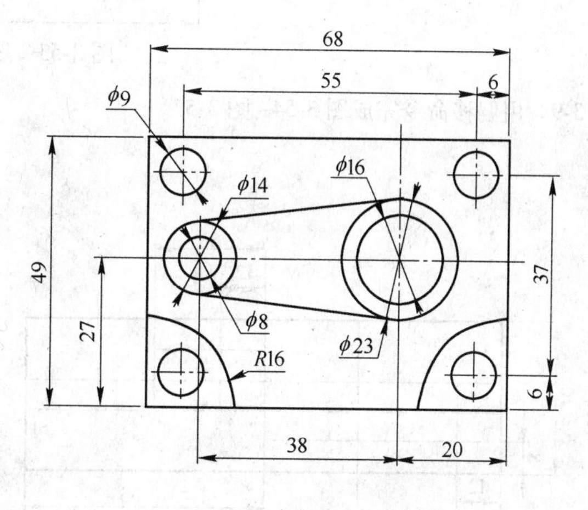

图 3-50 题 3-8（d）

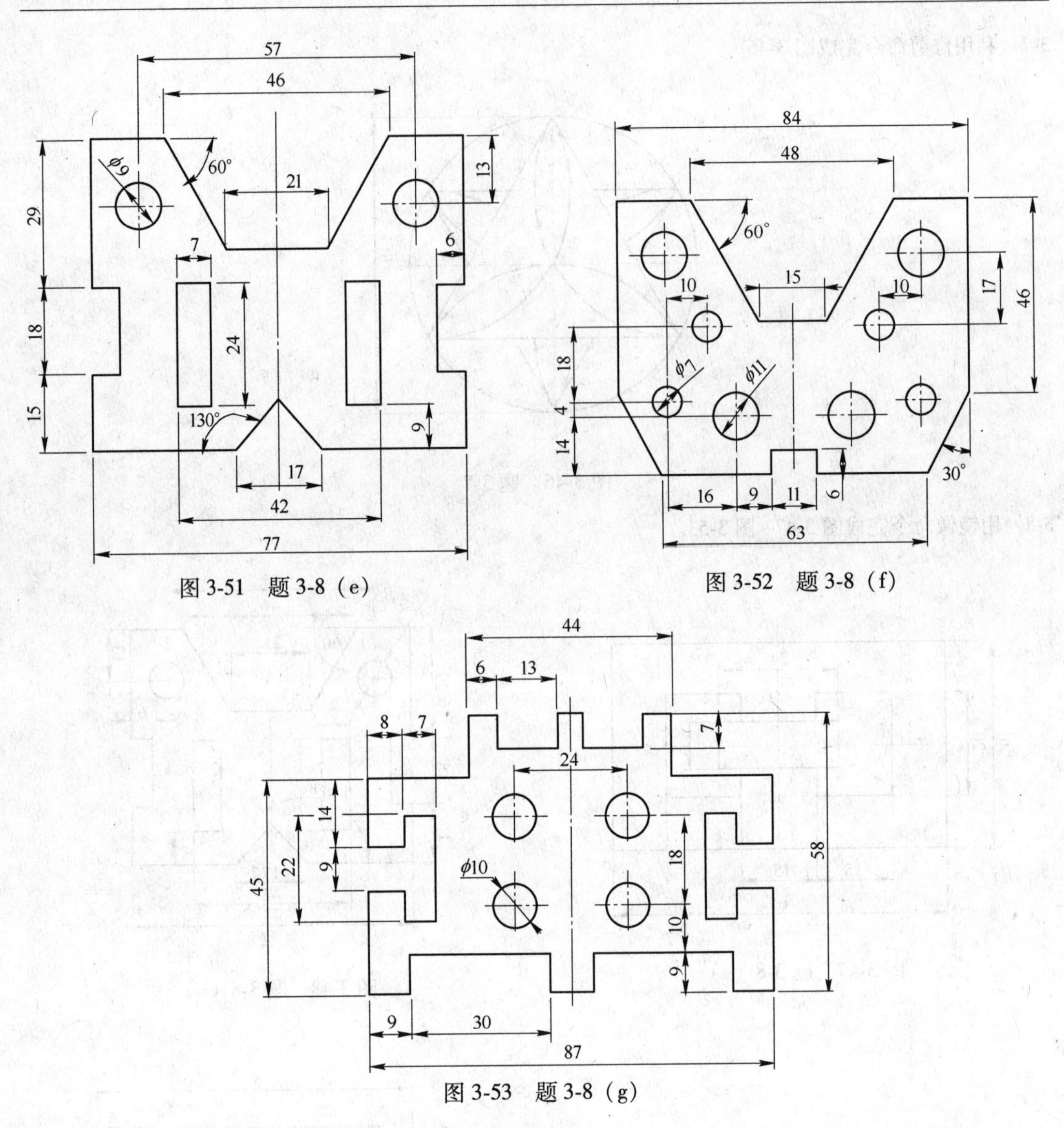

图 3-51　题 3-8（e）

图 3-52　题 3-8（f）

图 3-53　题 3-8（g）

3-9　用偏移命令完成图 3-54~图 3-57。

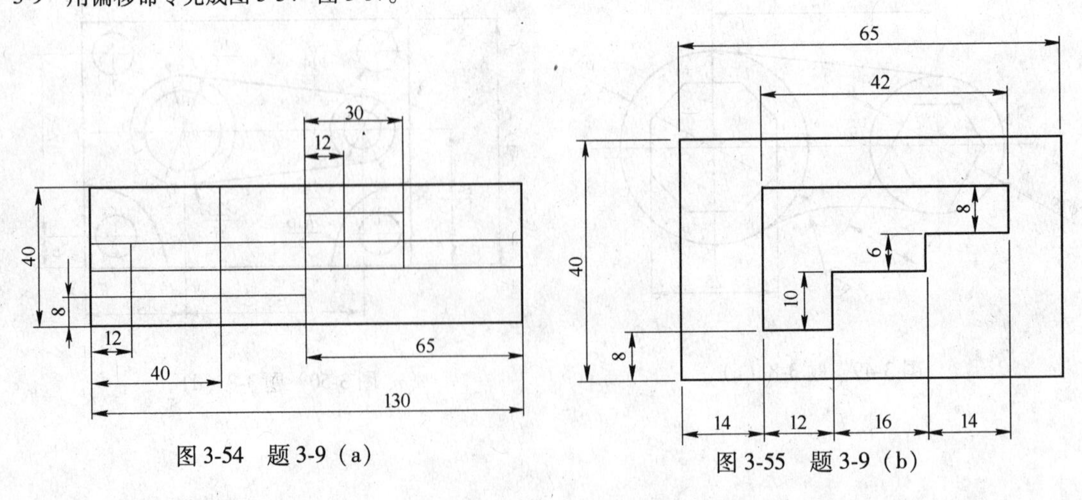

图 3-54　题 3-9（a）

图 3-55　题 3-9（b）

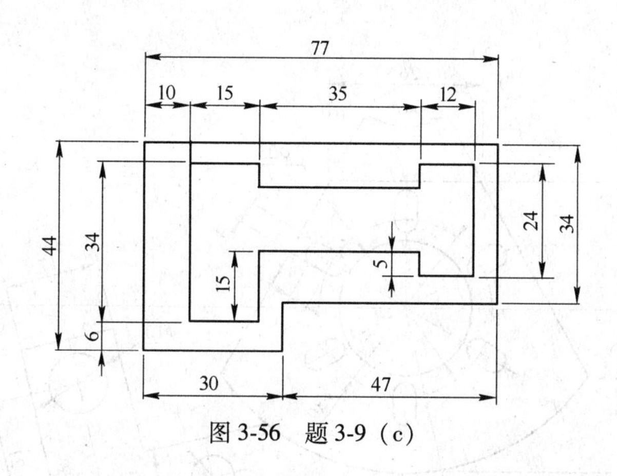

图 3-56 题 3-9（c）

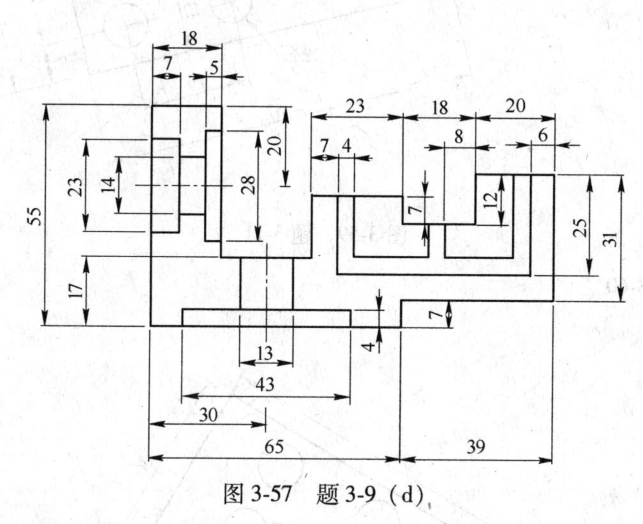

图 3-57 题 3-9（d）

3-10 用矩形阵列命令完成图 3-58。

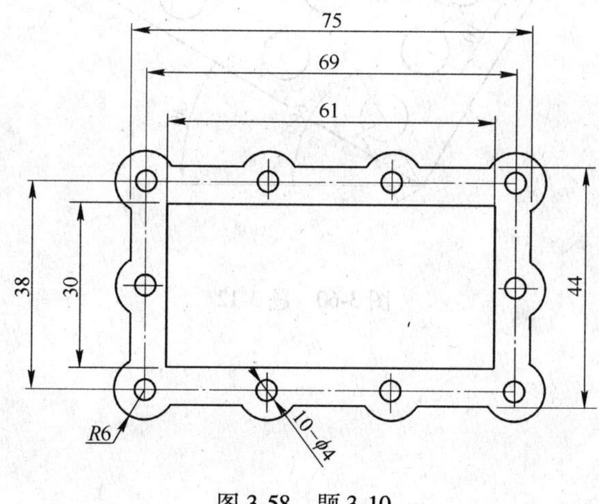

图 3-58 题 3-10

3-11 用环形阵列完成图 3-59。

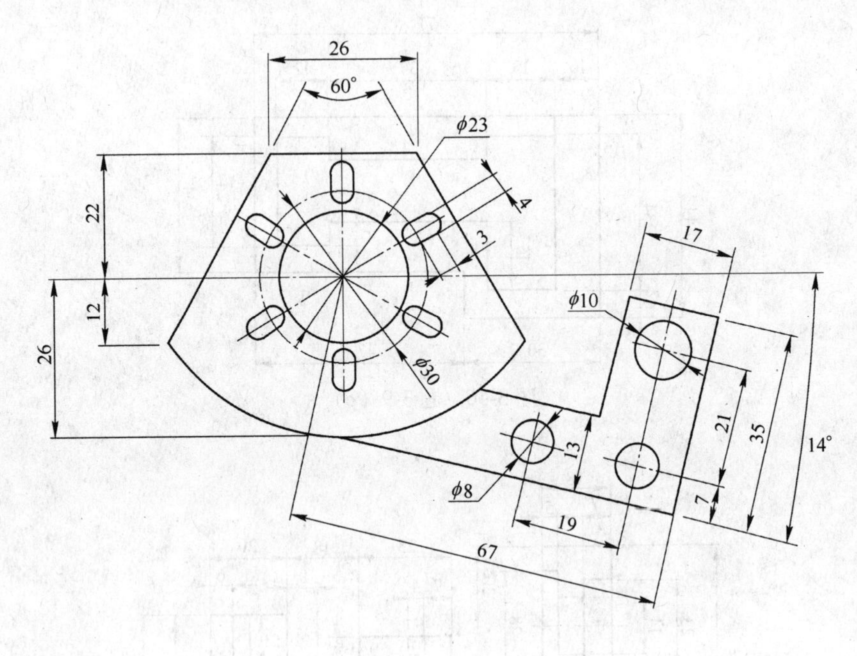

图 3-59　题 3-11

3-12　用阵列完成图 3-60。

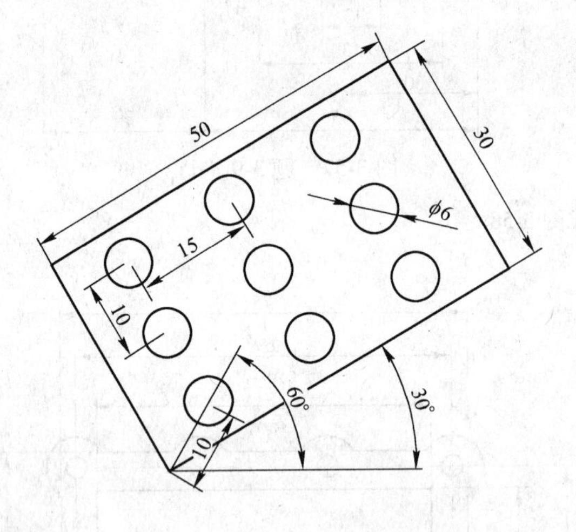

图 3-60　题 3-12

3-13　用阵列完成图 3-61。

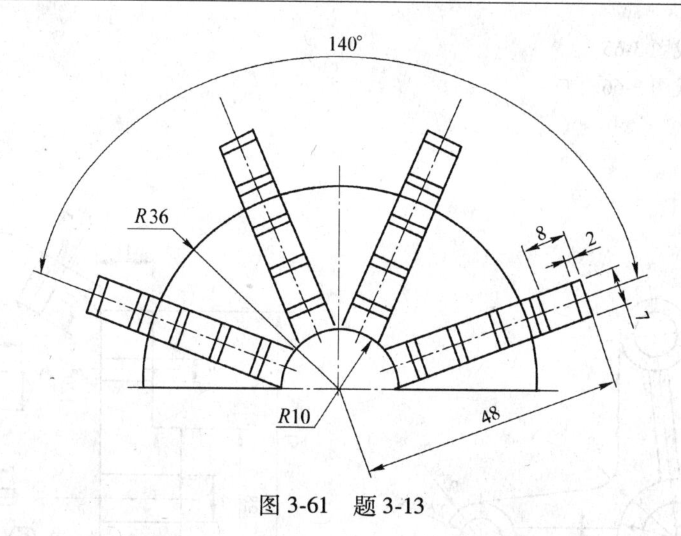

图 3-61　题 3-13

3-14　用阵列完成图 3-62 和图 3-63。

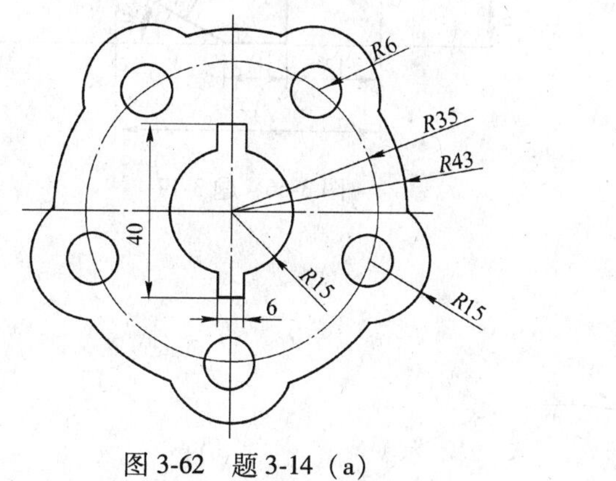

图 3-62　题 3-14（a）

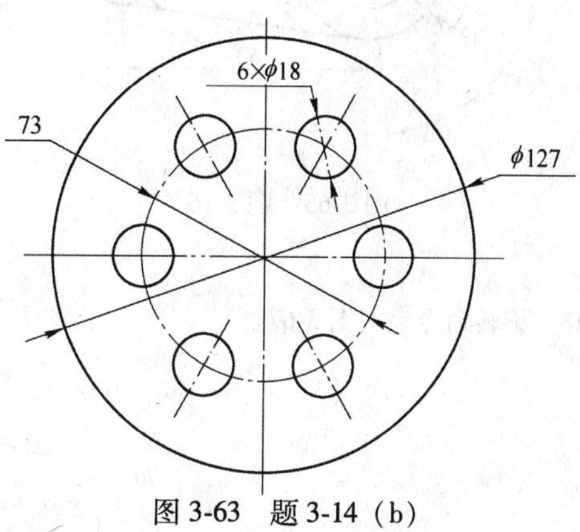

图 3-63　题 3-14（b）

3-15　用复制命令完成图 3-64。

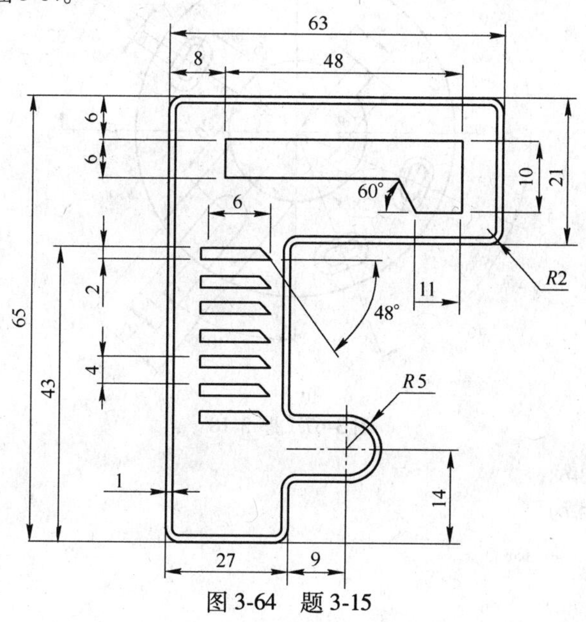

图 3-64　题 3-15

3-16 旋转命令完成图 3-65。

3-17 旋转命令完成图 3-66。

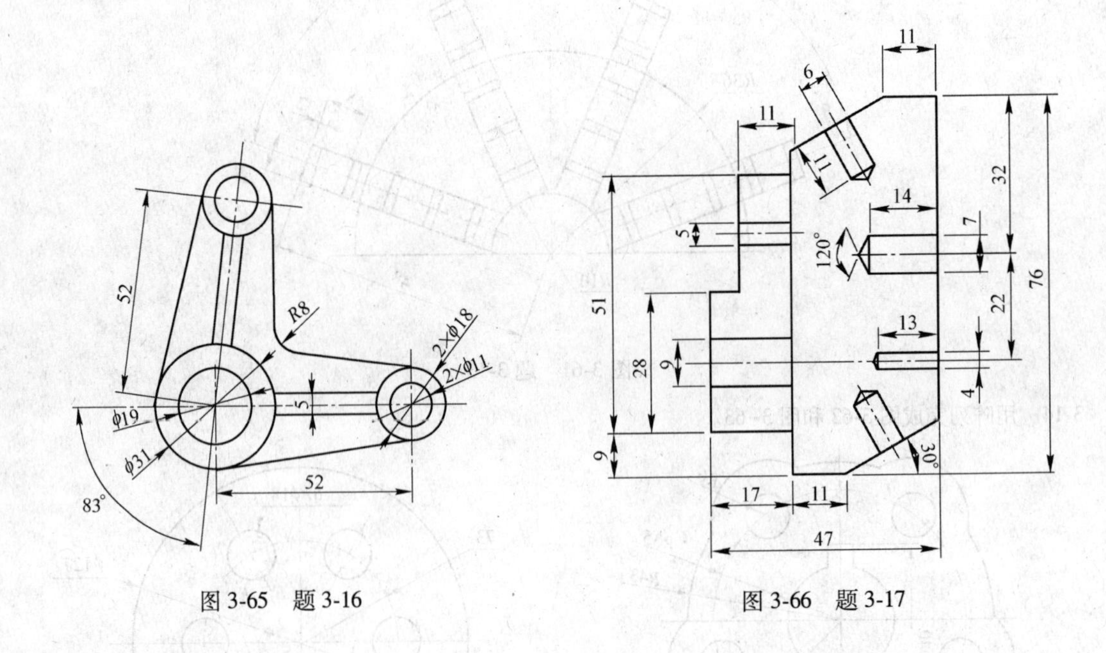

图 3-65 题 3-16

图 3-66 题 3-17

3-18 旋转命令完成图 3-67。

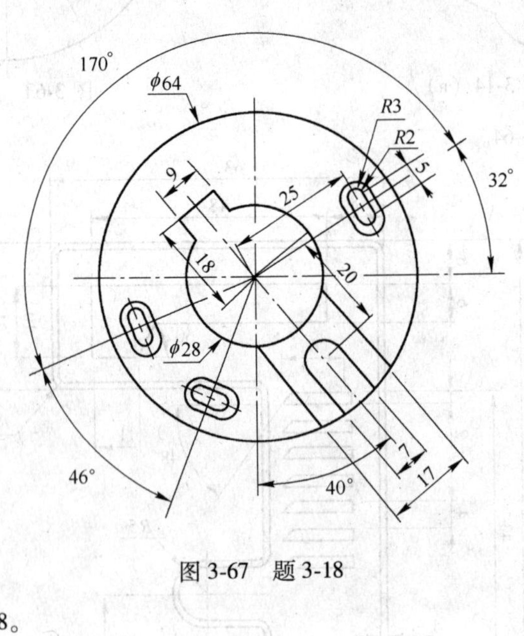

图 3-67 题 3-18

3-19 利用倒角完成图 3-68。

3-20 利用倒角完成图 3-69。

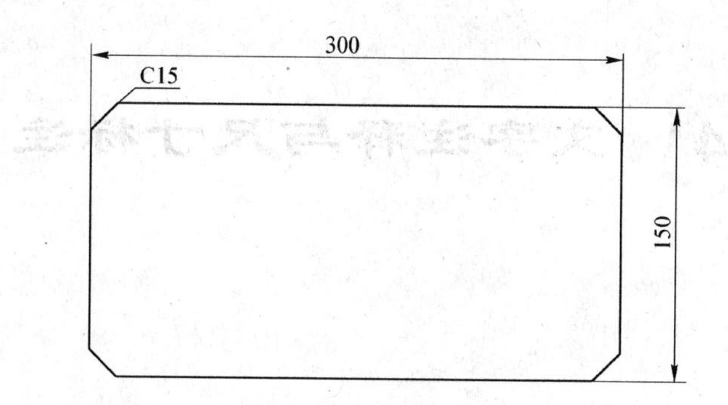

图 3-68 题 3-19

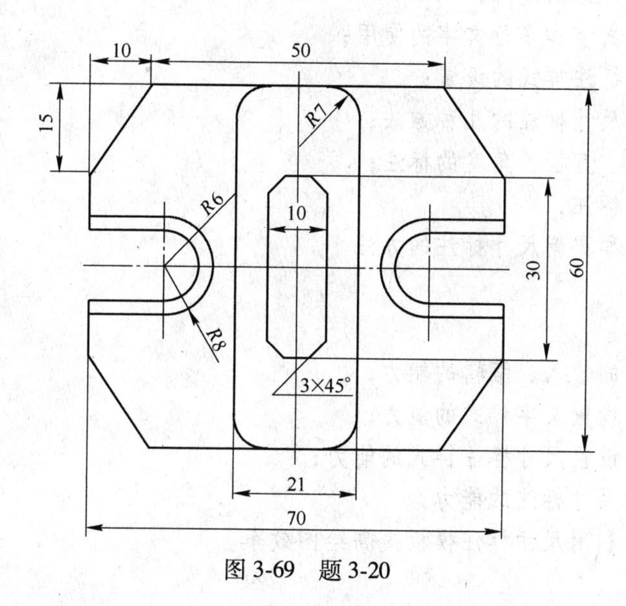

图 3-69 题 3-20

4 文字注释与尺寸标注

学习目标

知识目标：

（1）掌握文字样式的建立；
（2）掌握单行文字和多行文字的使用；
（3）掌握尺寸标注样式的设置；
（4）掌握线形尺寸标注的几种方法；
（5）掌握半径、直径、角度的标注；
（6）掌握引线标注；
（7）掌握编辑和更新尺寸标注的方法。

能力目标：

（1）具有文字的输入、编辑的能力；
（2）具有正确设置文字样式的能力；
（3）具有正确设置尺寸标注样式的能力；
（4）具有编辑尺寸标注的能力；
（5）能熟练的利用尺寸标注模板提高绘图效率。

素质目标：

（1）培养学生诚恳、虚心、勤奋好学的学习态度和科学严谨、实事求是、爱岗敬业、团结协作的工作作风；

（2）培养学生树立质量意识、安全意识、标准和规范意识以满足专业岗位的要求。

4.1 文字样式设置

4.1.1 文字样式设置方法

设置文字样式主要有以下三种方法：

（1）选择“格式”→“文字样式”命令。
（2）单击“样式”工具栏中的“文字样式”按钮。
（3）在命令行中直接输入“ddstyle”或“style”命令，并按Enter（回车）键。

4.1.2 “文字样式”对话框选项含义

（1）“文字样式”对话框中常用选项的含义如下：

1）“样式”列表框。如图 4-1 所示，该列表框中列出了所有或当前正在使用的文字样式，默认文字样式为 Standard。在“样式”列表框中右击文字样式名称，从弹出的快捷菜单中选择“重命名”命令，可对文字样式重命名，但无法重命名默认的 Standard 样式。

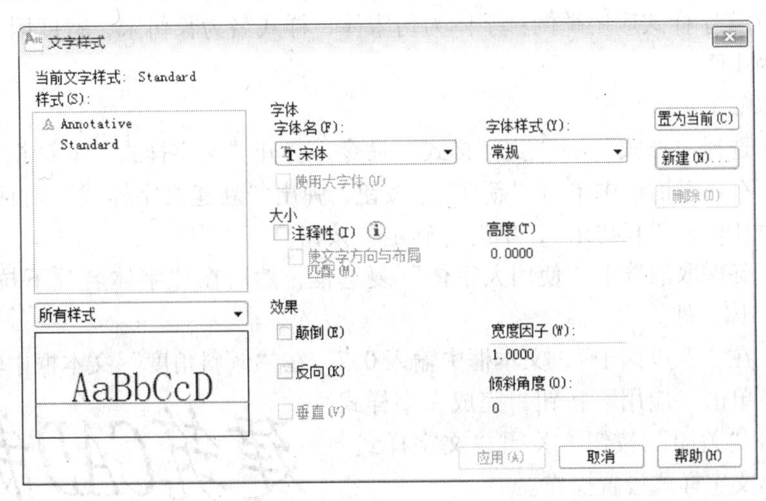

图 4-1 “文字样式”对话框

2）“新建”按钮。单击该按钮将打开“新建文字样式”对话框，如图 4-2 所示，在“样式名”文本框中输入新建文字样式的名称，单击“确定”按钮可以创建新的文字样式。新建的文字样式将显示在“文字样式”对话框的“样式”列表框中，如图 4-3 所示。

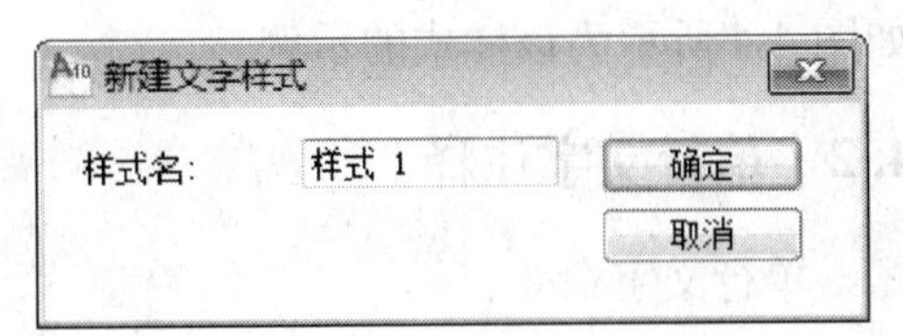

图 4-2 “新建文字样式”对话框

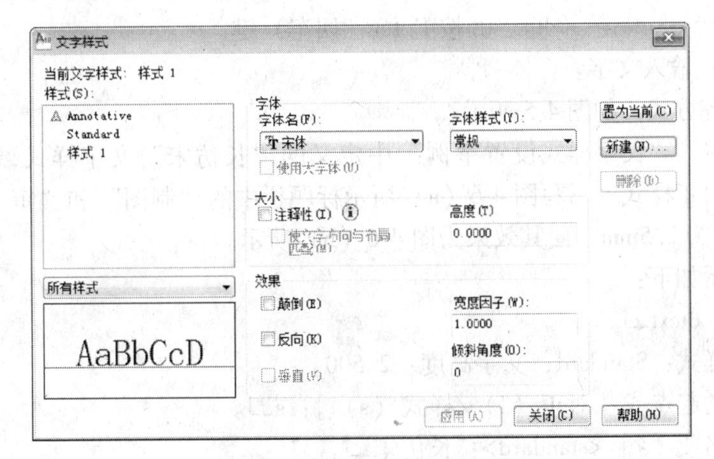

图 4-3 “样式列表”对话框

3）“删除”按钮。单击该按钮可删除某个已有的文字样式，但是无法删除已经使用的文字样式和默认的 Standard 样式。

4）“字体”和“大小”选项组。这两个选项组用于设置文字使用的字体和字高等属性。AutoCAD 提供了符合标注要求的字体形文件 gbenor. shx、gbeitc. shx 和 gbcbig. shx 文件，其中 gbenor. shx 和 gbeitc. shx 文件分别用于标注直体和斜体字母与数字，gbcbig. shx 则用于标注中文。

5）“效果”选项组。该选项组用于设置文字的颠倒、反向、垂直、宽度因子、倾斜角度等显示效果。

（2）定义文字样式应用举例：字体为仿宋体，样式名为长仿宋，宽度因子为 0. 7，文字倾斜角度为 15°。

操作步骤如下：

第一步，选择“格式”→“文字样式”命令，打开“文字样式”对话框。

第二步，在该对话框中单击“新建”，按钮，弹出“新建文字样式”对话框，在“样式名”文本框中输入“长仿宋”，单击“确定”按钮。

第三步，确保取消选中“使用大字体”复选框，然后在“字体名”下拉列表框中选择“仿宋”字体文件。

第四步，在“宽度因子”，文本框中输入 0. 7，在“倾斜角度”文本框中输入 15°。

第五步，单击“应用”按钮，完成文字样式的设置；单击“关闭”按钮，关闭“文字样式”对话框，退出文字样式设置操作。

文字样式定义结束后，便可进行文字标注。如图 4-4 所示为该样式的示例。

图 4-4　长仿宋文字样式

4. 2　单行文字注释

单行文字命令：

（1）启用“单行文字”命令的方法有以下两种。

1）选择“绘图”→“文字”→“单行文字”命令。

2）输入命令“dtext”（dt），并按 Enter（回车）键。

（2）功能：输入文字。

文字的对齐方式，如图 4-5 所示。

输入选项
对齐(A)
布满(F)
居中(C)
中间(M)
右对齐(R)
左上(TL)
中上(TC)
右上(TR)
左中(ML)
正中(MC)
右中(MR)
左下(BL)
中下(BC)
右下(BR)

图 4-5　单行文字对齐方式

（3）使用 4. 1“文字样式设置举例”中定义的“长仿宋”文字样式，采用默认的左对正样式，书写图 4-6（a）所示标题栏中的“制图”和“审核”，文字高度为 2. 5mm，使其效果为图 4-6（b）所示。

命令行提示如下：

输入命令：dtext↵。

当前文字样式：Standard；文字高度：2. 500。

指定文字的起点或［对正（J）/样式（s）］：s↵。

输入样式名或［?］<standard>：长仿宋↵。

当前文字样式：“长仿宋”；当前文字高度：2. 500。

指定文字的起点或［对正（J）/样式（s）］：↵（在要写字的表格内高度的 1/4 且靠左边线适当位置拾取一点作为文字输入的左下角基点）。

指定高度<2. 5000>：5↵。

指定文字的旋转角度<0>：↵。

此时命令行为空白，光标在文字基点处闪烁，等待输入文字。在当前光标处输入“制

建筑制图			比例		图号	
			材料		数量	
制图						
审核						

（a）

建筑制图			比例		图号	
			材料		数量	
制图						
审核						

（b）

图 4-6　文字样式

（a）Standard 文字样式；（b）长仿宋文字样式

图”并按 Enter（回车）键，光标换行；输入“审核”并按 Enter（回车）键，光标换行；再次按 Enter（回车）键结束操作。

4.3　多行文字注释

多行文字命令：

（1）启用“多行文字”命令的方法有以下三种。

1）选择“绘图”→“文字”→“多行文字”命令。

2）单击“绘图”工具栏的“多行文字”按钮A。

3）输入命令“mtext”（mt 或 t），↵。

（2）功能。使用“多行文字”，命令注写文字时，系统首先要求在绘图区指定注写文字的区域，即文字框。文字框是通过指定其两个对角顶点来确定的，如图 4-7 所示。可以对多行文字进行编辑，如图 4-8 所示。

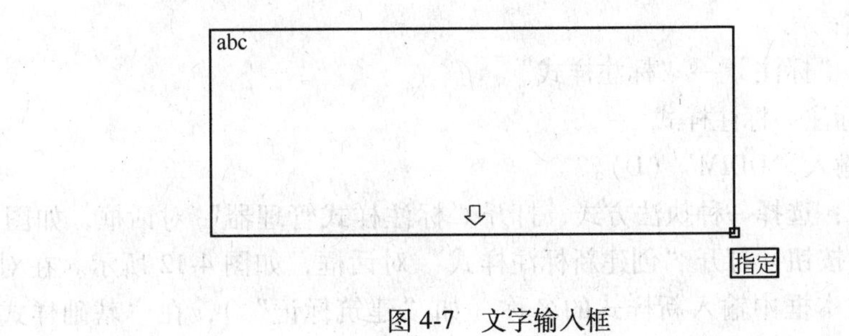

图 4-7　文字输入框

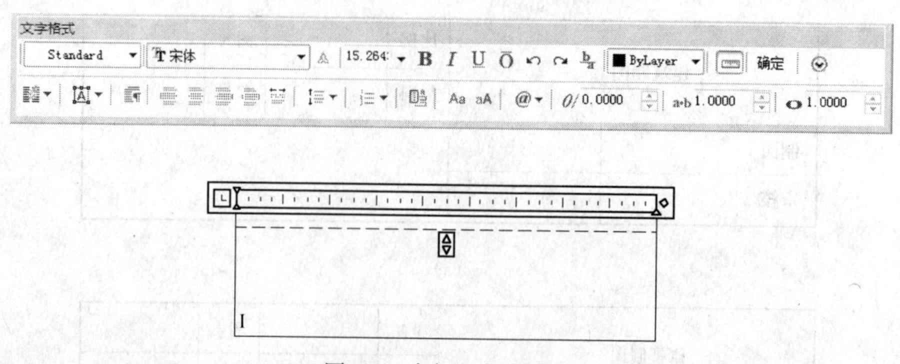

图 4-8　多行文字编辑器

（3）输入多行文字，如图 4-9 所示，操作后文字注释效果，如图 4-10 所示。

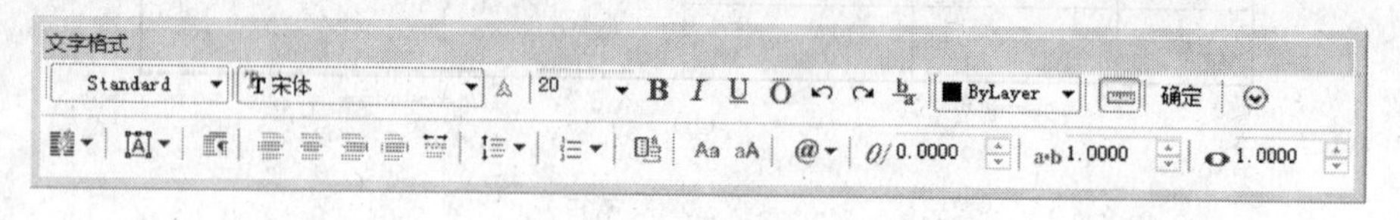

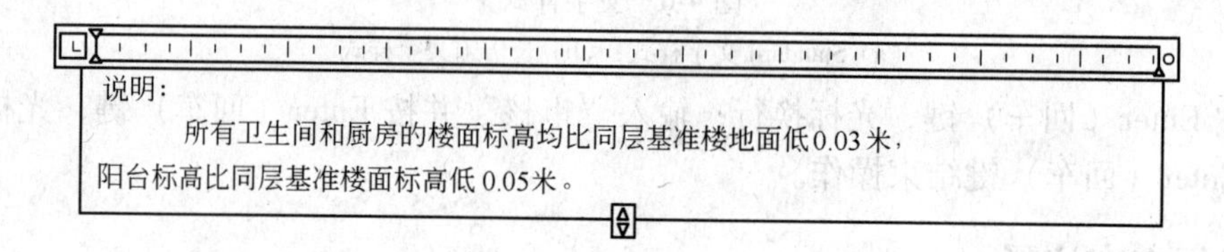

图 4-9　输入多行文字

说明：

所有卫生间和厨房的楼面标高均比同层基准楼地面低 0.03 米，
阳台标高比同层基准楼面标高低 0.05 米。

图 4-10　文字注释效果

4.4　尺寸标注样式设置

4.4.1　新建“标注样式”

（1）执行方式：

1）下拉菜单：“标注”→“标注样式”。

2）工具栏：标注→标注样式。

3）命令行：输入“DDIM”（D）。

（2）操作方法：选择一种执法方式，打开“标注样式管理器”对话框，如图 4-11 所示，单击“新建”按钮，打开“创建新标注样式”对话框，如图 4-12 所示。在对话框中的“新样式名”文本框中输入新样式的名称（如“建筑标记”），在“基础样式”下拉列表中选择样式名（如“ISO-25”），单击“继续”按钮，修改相关参数。

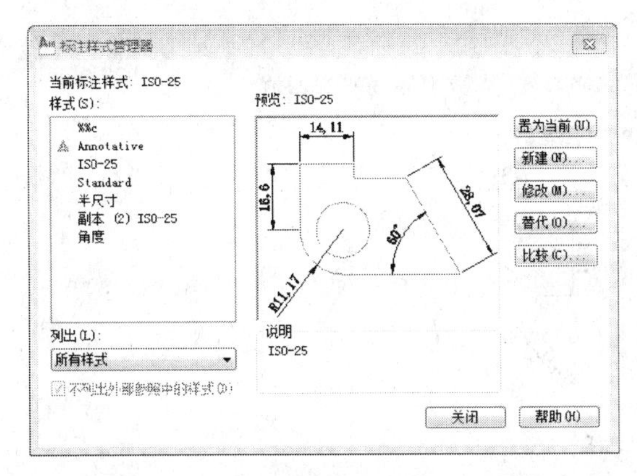

图 4-11　“标注样式管理器”对话框

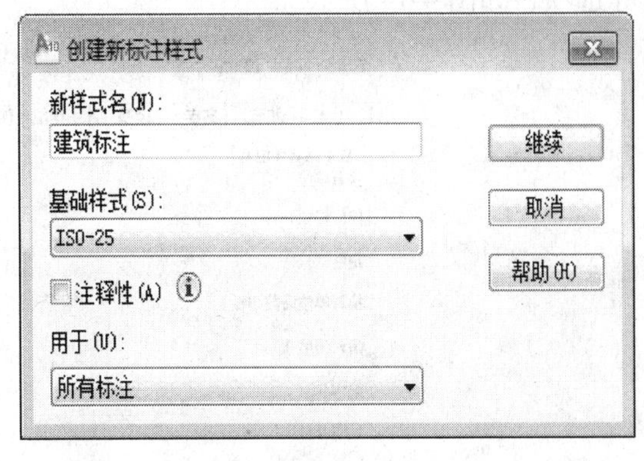

图 4-12　“创建新标注样式”对话框

4.4.2　“标注样式”参数设置

在尺寸标注样式中，用户完全可以根据相关规范控制尺寸标注的外观。在“标注样式管理器”对话框中可对相关的各项特性进行设置。

（1）主单位。对话框如图 4-13 所示。

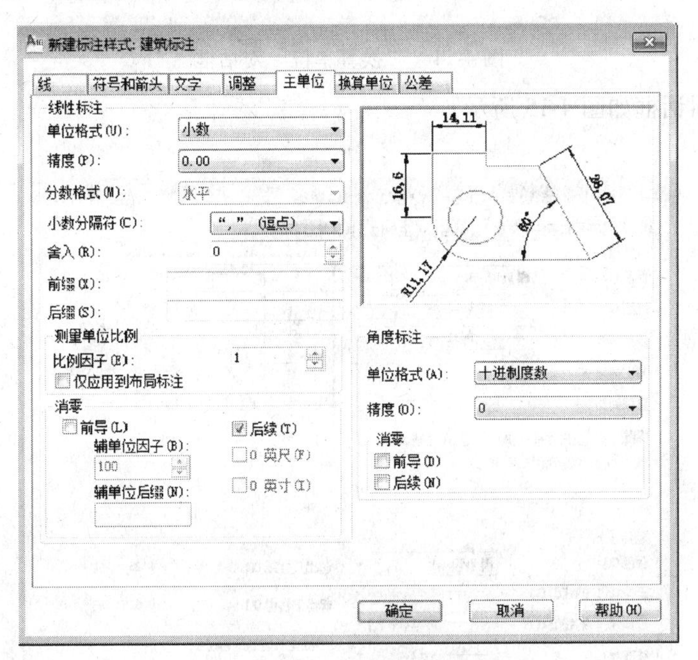

图 4-13　“主单位”对话框

1）“线性标注”选项组：在“主单位”选项卡“线性标注”选项组中，可对线性标注主单位进行设置。

2）“测量单位比例”选项组：可以对主单位的线性比例进行设置。

3）“消零”选项组：可确定是否省略尺寸标注中的“0”。

4）“角度标注”选项组：可设置角度标注的单位和精度。

（2）换算单位。在“换算单位”选项卡中，可设置换算单位格式、精度、换算比例等选项，如图 4-14 所示。

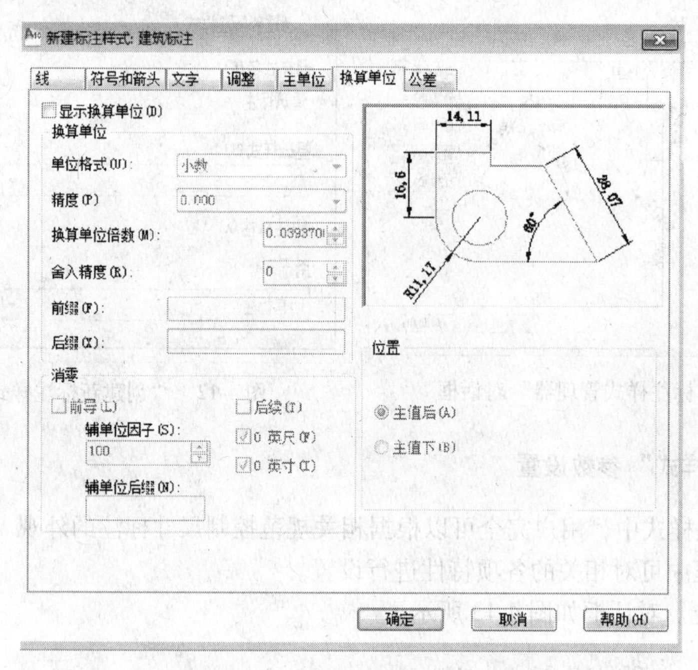

图 4-14　“换算单位”对话框

（3）线。对话框如图 4-15 所示。

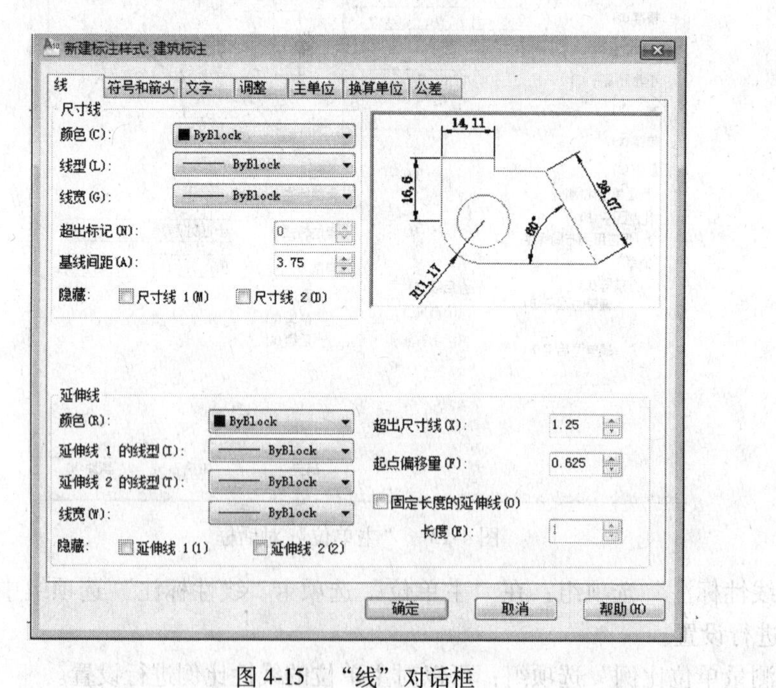

图 4-15　“线”对话框

1）“尺寸线”选项组：在“线”选项卡的“尺寸线”选项组中，可设置关于尺寸线的各种属性，包括尺寸线的“颜色”、“线宽”等。“超出尺寸线”表示可将尺寸箭头设置为短斜线、短波浪线等；当尺寸线上无箭头时，用来设置尺寸线超出尺寸界线的距离。“基线间距”即基线标注中相邻两尺寸之间的距离。

2）“延伸线”选项组：可确定尺寸界线的形式。其中包括尺寸界线的“颜色”、“线宽”、“超出尺寸线”、“起点偏移量”（即确定尺寸界线的实际起始点相对于指定尺寸界线起始点的偏移量），“隐藏”特性右侧的两个复选框用于确定是否省略尺寸界线。

（4）符号和箭头。对话框如图 4-16 所示。

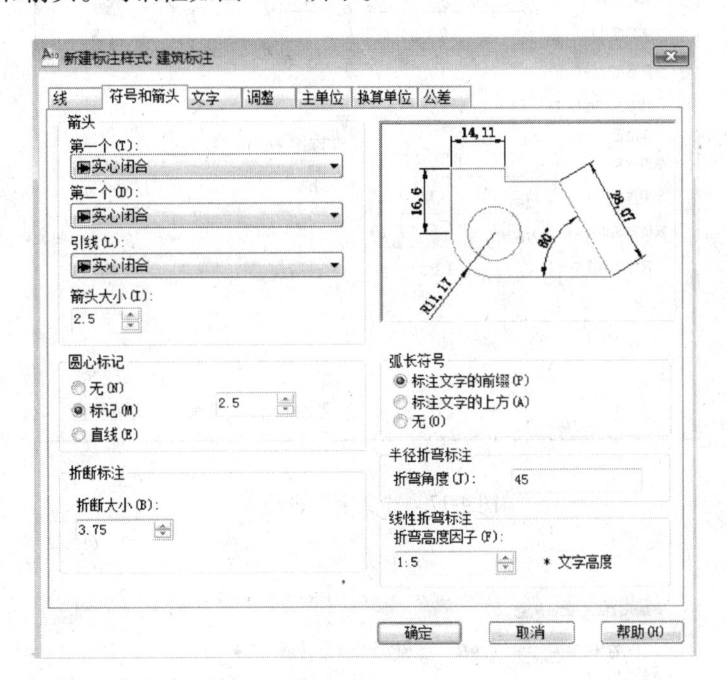

图 4-16 “符号和箭头”对话框

1）“箭头”选项组：设置尺寸箭头的形式，包括“第一个”和“第二个”箭头的形式、“引线”的形式、“箭头大小”。

2）“圆心标记”选项组：设置圆心标记的形式，包括“无”、“标记”和“直线”，在“大小”微调框中可设置圆心标记的尺寸。

另外，还有“弧长符号”选项组、“半径折弯标注”选项组和“线性折弯标注”选项组。

（5）文字。在“文字”选项卡中可设置尺寸文字的外观、位置和对齐等特性，如图 4-17 所示。

1）“文字外观”选项组：在“文字样式”下拉列表框中可选择尺寸文字的样式。

2）“文字位置”选项组：设置尺寸文字的位置。

3）“文字对齐”选项组：确定尺寸文字的对齐方式。

（6）调整。在“调整”选项卡中可调整尺寸文字和尺寸箭头的位置，如图 4-18 所示。

（7）公差。在“公差”选项卡中可设置公差标注的格式。在“公差格式”选项组中，可设置公差的方式、公差文字的位置等特性，如图 4-19 所示。

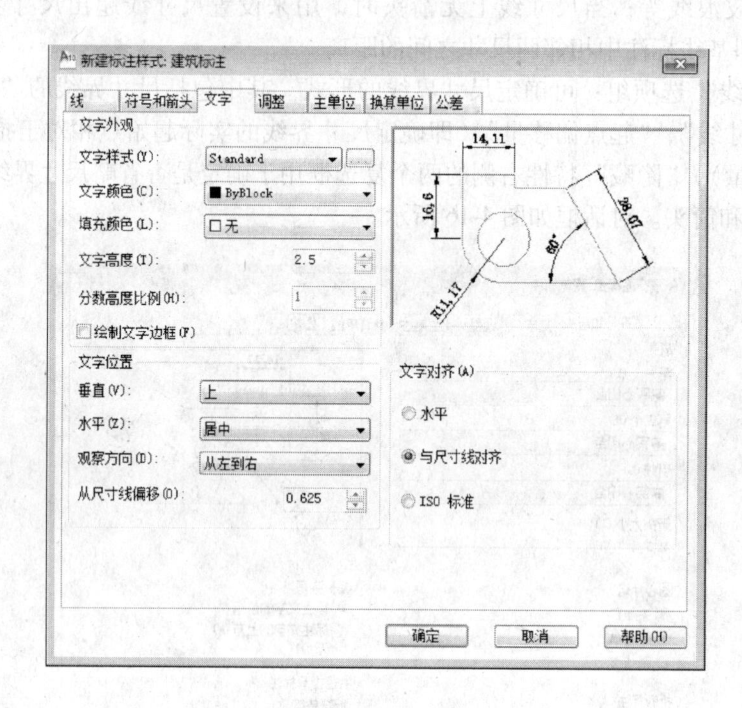

图 4-17　“文字”选项卡

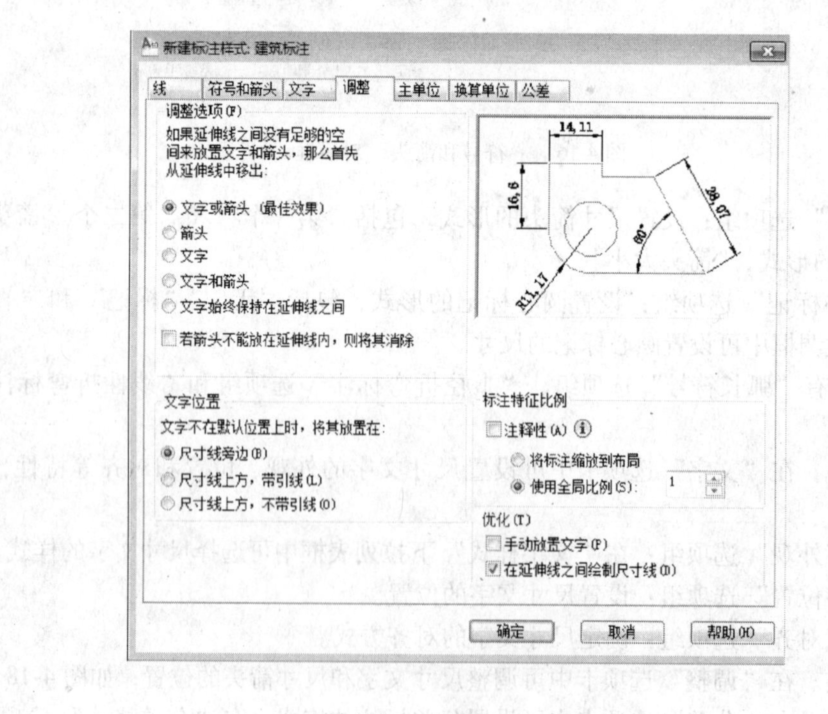

图 4-18　“调整”选项卡

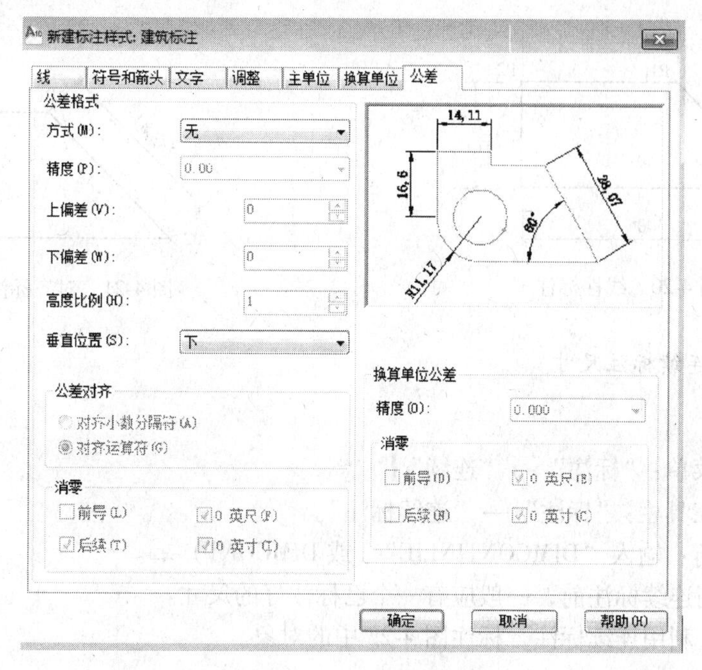

图 4-19　“公差”选项卡

4.5　尺寸标注方法

4.5.1　长度型尺寸标注命令

4.5.1.1　标注水平、垂直尺寸

（1）执行方式：

1）下拉菜单：“标注”→“线性”。

2）“标注工具栏”：“标注”→“线性”。

3）命令行：输入“DIMLINEAR”。

（2）操作方法：

1）选择两个点标注：如图 4-20 所示，先后选择 P1 与 P2 点进行标注（300）。

2）选择边标注：如图 4-20 所示，选择梯形下边标注（500）。

4.5.1.2　对齐标注尺寸

（1）执行方式：

1）下拉菜单：“标注”→“对齐”。

2）标注工具栏：“标注”→“对齐”。

3）命令行：输入“DIMALIGNED”（DIMALI）。

（2）操作方法：

1）选择两个点标注：如图 4-21 所示，先后选择 P1 与 P2 点进行标注（282.84）。

2）选择一个边标注：如图 4-21 所示，先后选择 P1 与 P2 边进行标注（282.84）。

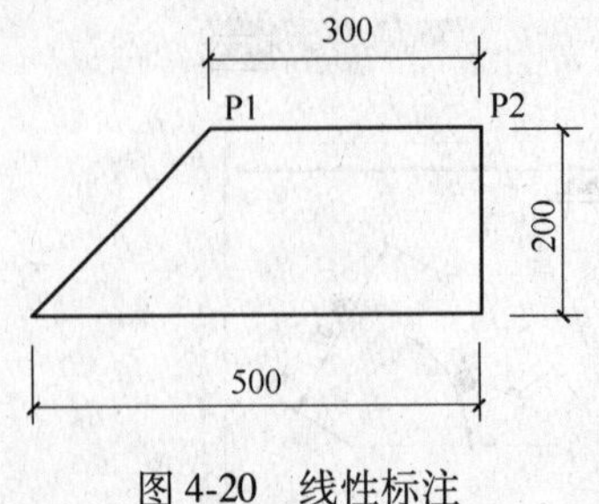

图 4-20　线性标注

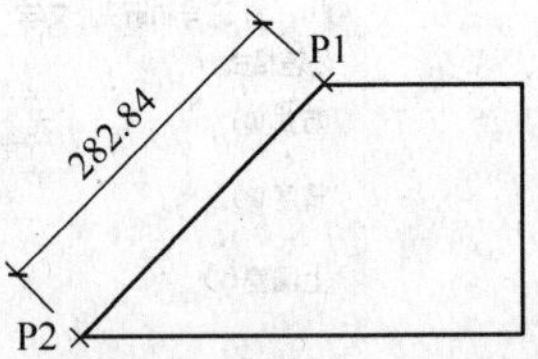

P1
282.84
P2

图 4-21　对齐标注

4.5.1.3　连续标注尺寸

执行方式：

(1) 下拉菜单："标注" → "连续" 连续(C)。

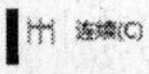

(2) 标注工具栏："标注" → "连续标注"。

(3) 命令行：输入"DIMCONTINLIE"(或 DIMCONT) ↵。

提示：采用连续标注前，一般应有一个已标注好的尺寸。

应用举例：利用连续标注，标注图 4-22 中的对象。

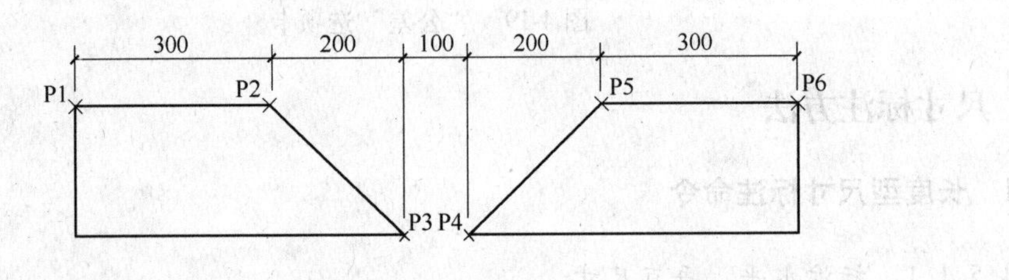

图 4-22　连续标注

操作步骤如下。

命令："dimlinear" ↵(标注边 P1，P2)。

指定第一个尺寸界线原点或<选择对象>：(选择 P1 点)。

指定第二条尺寸界线原点：(选择 P2 点)。

标注文字—300。

命令："dimcontinue" ↵。

选择连续标注：(选择继续标注的尺寸)。

指定第二条尺寸界线原点或 [放弃 (u) /选择 (s)] (选择)：(选择 P3 点)。

标注文字—200。

指定第二条尺寸界线原点或 [放弃 (u) /选择 (s)] (选择)：(选择 P4 点)。

标注文字—100。

指定第二条尺寸界线原点或 [放弃 (u) /选择 (s)] (选择)：(选择 P5 点)。

标注文字—200。

指定第二条尺寸界线原点或 [放弃 (u) /选择 (s)] (选择)：(选择 P5 点)。

标注文字—300。

指定第二条尺寸界线原点或 [放弃 (u) /选择 (s)] (选择)：(标注结束)。

4.5.2 角度型尺寸标注命令

（1）执行方式。

1）下拉菜单："标注"→"角度"△ 角度(A)。

2）标注工具栏："标注"→"角度"。

3）命令行：输入"DIMANGULAR"（或 DIMANG）↵。

（2）功能：标注出一段圆弧的中心角、圆上某一段弧的中心角、两条不平行的直线间的夹角，或根据已知的三点来标注角度等，如图 4-23 所示。

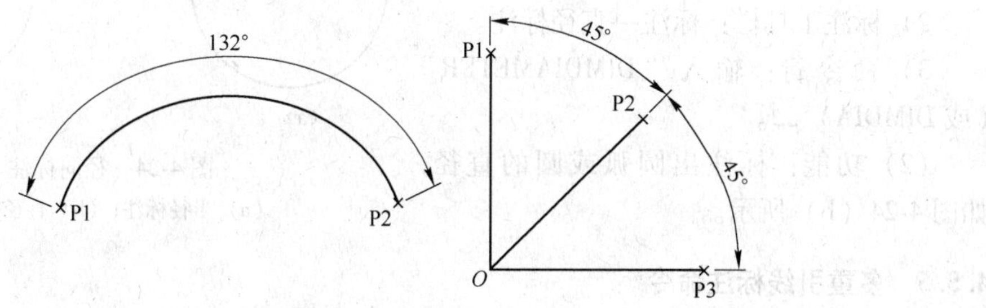

图 4-23 角度标注

1）标注圆弧的中心角。

操作步骤：

输入命令："DIMANGULAR" ↵。

选择圆弧、圆、直线或（指定顶点）：（选择圆弧 P1，P2）。

指定标注弧线位置或［多行文字（M）/文字（T）/角度（A）］：（选择尺寸线的位置）。

标注文字—132。

2）标注两条不平行的直线间的夹角。

输入命令："DIMANGULAR" ↵。

选择圆弧、圆、直线或（指定顶点）：（选择直线 O，P1）。

选择第二条直线：（选择直线 O，P2）。

指定标注弧线位置或［多行文字（M）/文字（T）/角度（A）］：（选择尺寸线的位置）。

标注文字—45（如果要标注角 P1，O，P2，则执行连续标注命令）。

输入命令："dimcontinue" ↵。

选择连续标注：（选择继续标注的尺寸）。

指定第二条尺寸界线原点或［放弃（u）/选择（s）］：（指定）。

标注文字—45。

指定第二条尺寸界线原点或［放弃（u）/选择（s）］：（指定）。

4.5.3 半径型尺寸标注命令

（1）执行方式。

1）下拉菜单："标注"→"半径"⊙ 半径(R)。

2）标注工具栏：标注→半径标注。

3）命令行：输入“DIMRADIUS”（或 DIMRAD）↵。

（2）功能：标注出圆弧或圆的半径，如图 4-24（a）所示。

4.5.4　直径型尺寸标注命令

（1）执行方式。

1）下拉菜单：“标注”→“直径” 直径(D)。

2）标注工具栏：标注→直径标注。

3）命令行：输入“DIMDIAMETER”（或 DIMDIA）↵。

（2）功能：标注出圆弧或圆的直径，如图 4-24（b）所示。

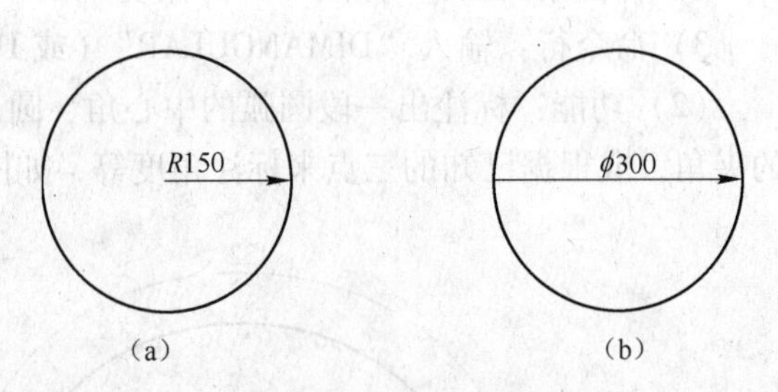

图 4-24　径向标注
（a）半径标注；（b）直径标注

4.5.5　多重引线标注命令

（1）执行方式：

1）下拉菜单：“标注”→“多重引线” 多重引线(E)。

2）命令行：输入“MLEADER”↵。

（2）利用多重引线标注图 4-25 中的板。

操作步骤：

输入命令：“MLEADER”↵。

指定引线起点：（用鼠标选取矩形圆角的圆心）。

指定下一点：

指定下一点或［注释（A）/格式（F）/放弃（u）］：（注释）。

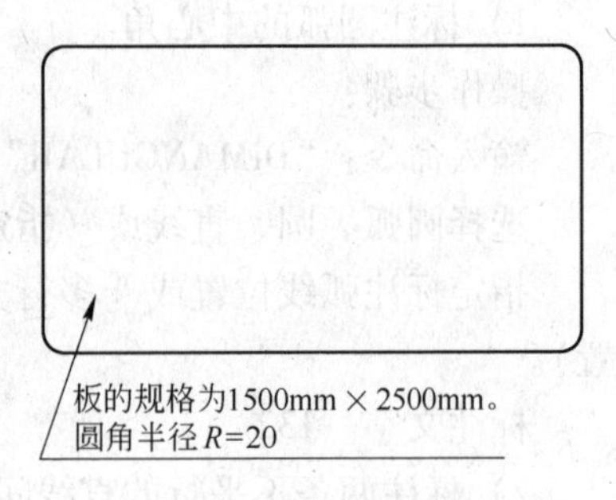

图 4-25　多重引线标注

指定下一点或［注释（A）/格式（F）/放弃（u）］（注释）↵：输入注释文字的第一行或进入选项。

输入注释选项［公差（T）/副本（c）/块（B）/无（N）/多行文字（M）］（多行文字）：M↵。

弹出文本编辑对话框后，输入文本：“板的规格为 1500 mm×2500 mm，圆角半径 R=20”单击“确定”按钮退出。

4.6　尺寸标注的编辑

4.6.1　用“STRETCH”命令编辑尺寸

在绘图过程中，经常会改变图形的几何尺寸，可以用“STRETCH”命令来完成这种操作。如图 4-26 所示，将四边形 ABCD 的 AB 边和 DC 边由“300”加长到“400”，就可以执行“STRETCH”命令，在“选择对象：”的提示下，按图 4-26（a）中虚线窗口所示的范围选择对象，选择基点，打开正交开关向右拉伸“100”。执行结果如图 4-26（b）所示，四边形 ABCD 的 AB 边和 DC 边由“300”加长到了“400”，尺寸也同时变为“400”。

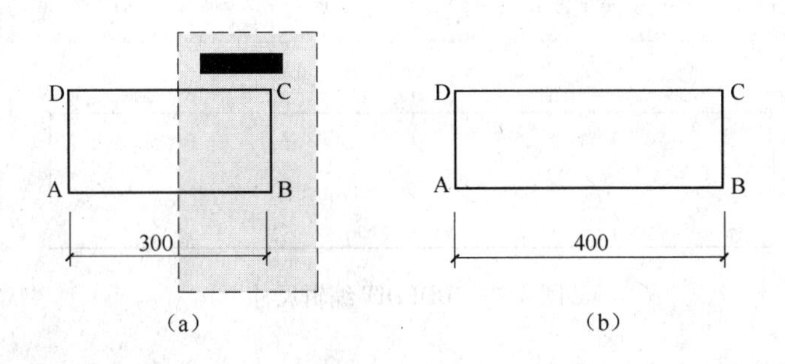

图 4-26 用“STRETCH”编辑尺寸

4.6.2 用“TRIM”命令编辑尺寸

AutoCAD 允许用“TRIM”命令修剪尺寸。如图 4-27 所示，若将 AC 尺寸“400”改为标注 AB 尺寸“200”，就可以用“TRIM”命令修剪。执行“TRIM”命令，在“选择修剪边:”提示下，选择 BE 边，在“选择要修剪的对象”提示下，选择 AC 尺寸线的右端，则尺寸被修剪为 AB 尺寸。

4.6.3 用“EXTEND”命令编辑尺寸

AutoCAD 允许用“EXTEND”命令延伸尺寸。如图 4－27 所示，若将 AB 间的尺寸改为标注 AC 尺寸“400”，就可以用“EXTEND”命令延伸。执行“EXTEND”命令，在“选择延伸边”提示下，选择 CF 边，在“选择要延伸的对象”提示下，选择 AB 尺寸的右端，则尺寸被延伸为 AC 尺寸“400”。

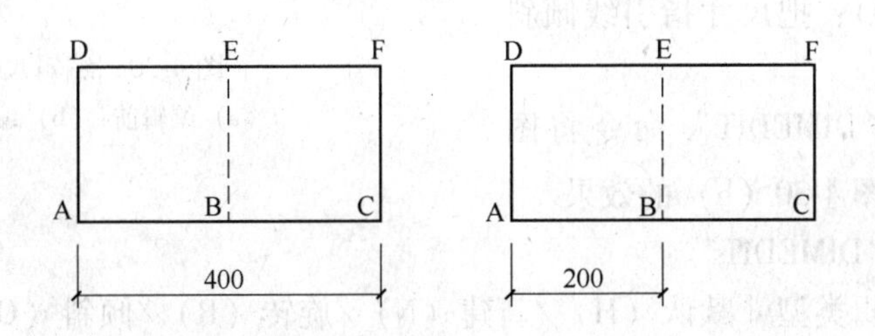

图 4-27 用“TRIM”、“ EXTEND”编辑尺寸

4.6.4 用“DDEDIT”命令或双击标注修改尺寸文字

如果要对尺寸文字进行直接修改，可以执行“DDEDIT”命令或者双击标注，系统会打开多行文字编辑器，在编辑器中可以修改尺寸值，增加前缀或后缀。如图 4-28 所示为编辑尺寸对话框，编辑之后如图 4-29 所示。

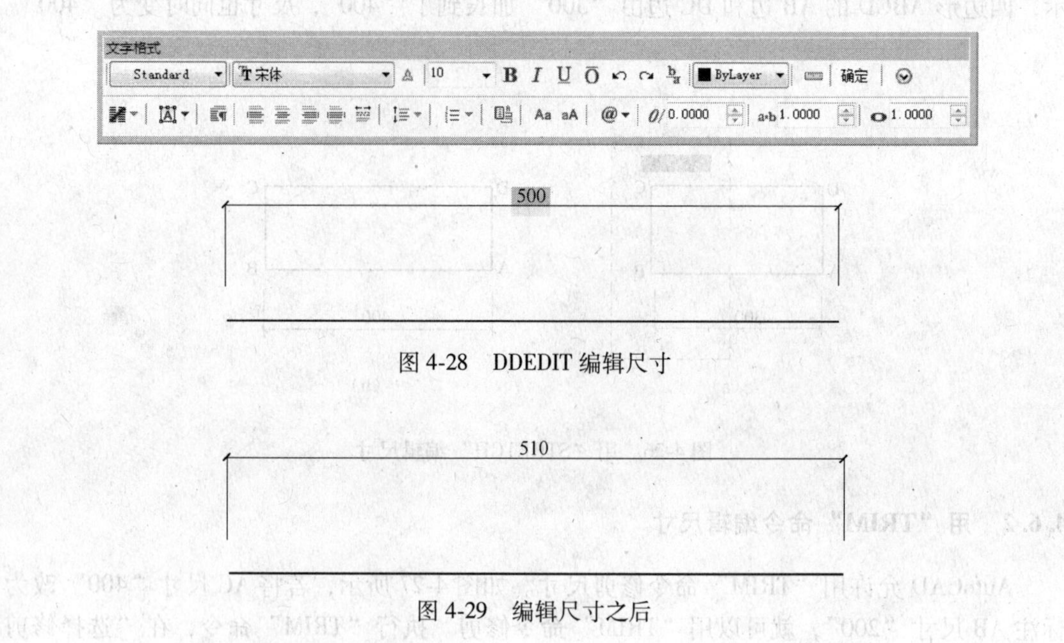

图 4-28　DDEDIT 编辑尺寸

图 4-29　编辑尺寸之后

4. 6. 5　用“DIMEDIT”命令修改尺寸

（1）用“DIMEDIT”命令可以综合性地编辑尺寸，相关参数如下。

1）默认（H）：默认尺寸当前的内容。

2）新建（N）：新建一个尺寸文本，打开一个文本输入对话框，输入文本。

3）旋转（R）：尺寸文本旋转一个角度。

4）倾斜（O）：把尺寸指引线倾斜一个角度。

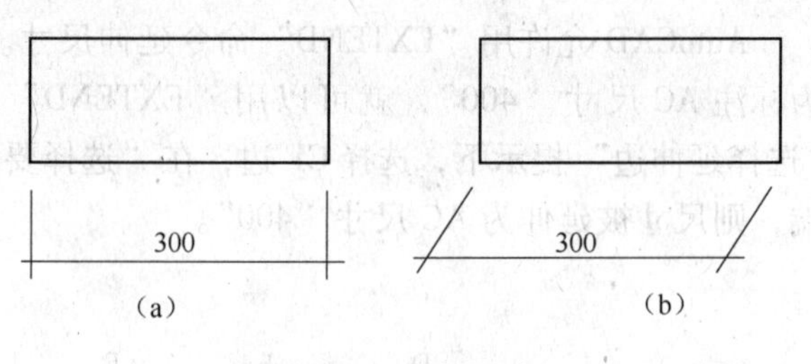

图 4-30　编辑尺寸
（a）编辑前；（b）编辑后

（2）利用“DIMEDIT”命令将图 4-30（a）编辑成图 4-30（b）的效果。

输入命令：“DIMEDIT”。

输入标注编辑类型［默认（H）/新建（N）/旋转（R）/倾斜（O）］（默认）：O。

选择对象：找到 1 个（鼠标点取）。

选择对象：

输入倾斜角度（按 Enter 键表示无）：45。

思考与能力训练题

4-1　绘制图 4-31 中标题栏。

设计单位				工程总称			
批准		工程主持		图名		工程编号	
审定		项目负责				图号	
审核		设计				比例	
校对		绘图				日期	

图 4-31 题 4-1

4-2 绘制图形并标注尺寸见图 4-32。

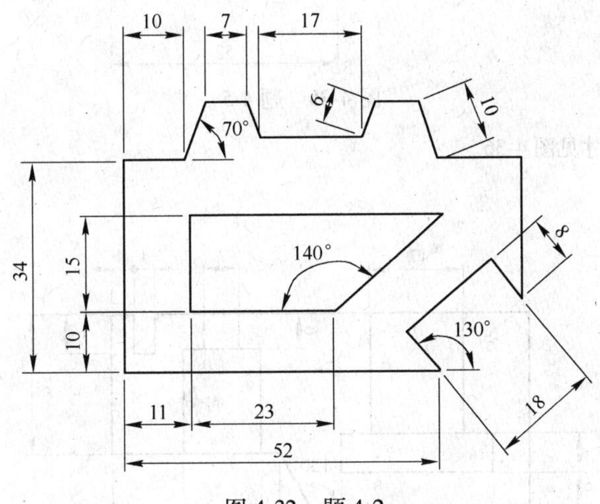

图 4-32 题 4-2

4-3 绘制图形并标注尺寸见图 4-33。

4-4 绘制图形并标注尺寸见图 4-34。

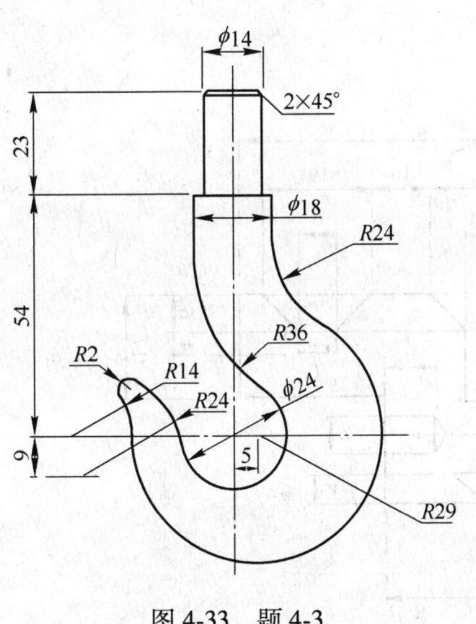

图 4-33 题 4-3

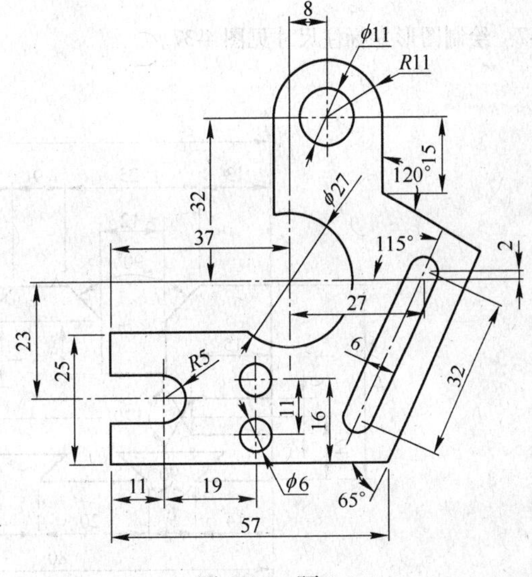

图 4-34 题 4-4

4-5　绘制图形并标注尺寸见图 4-35。

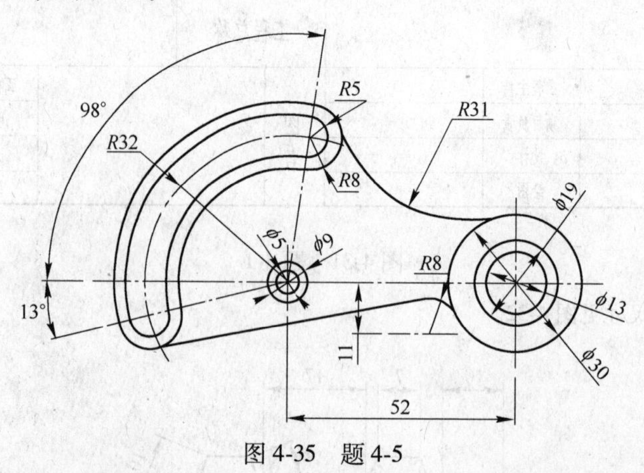

图 4-35　题 4-5

4-6　绘制图形并标注尺寸见图 4-36。

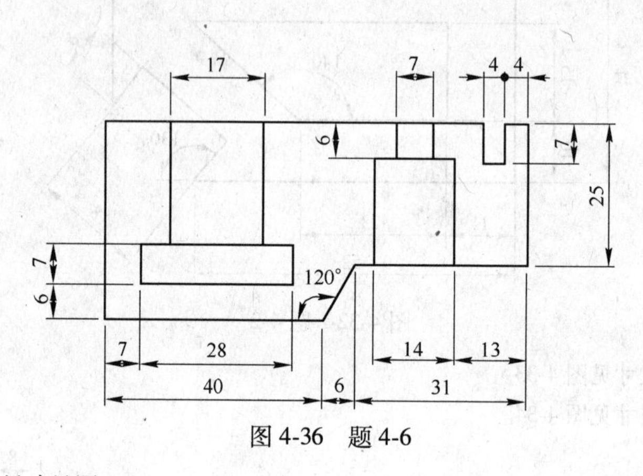

图 4-36　题 4-6

4-7　绘制图形并标注尺寸见图 4-37。

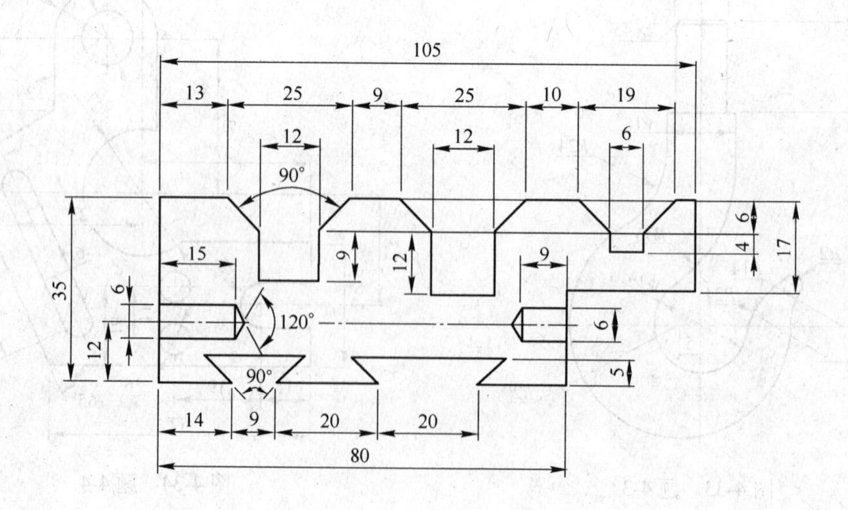

图 4-37　题 4-7

4-8　绘制图形并标注尺寸见图 4-38。

4-9　绘制图形并标注尺寸见图 4-39。

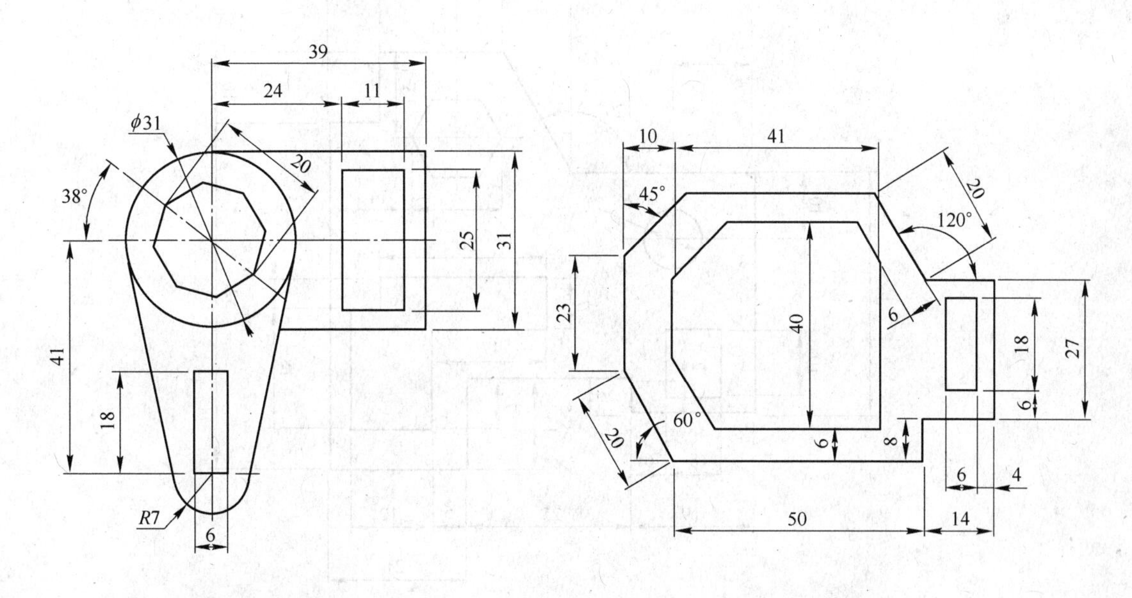

图 4-38　题 4-8　　　　图 4-39　题 4-9

4-10　绘制图形并标注尺寸见图 4-40。

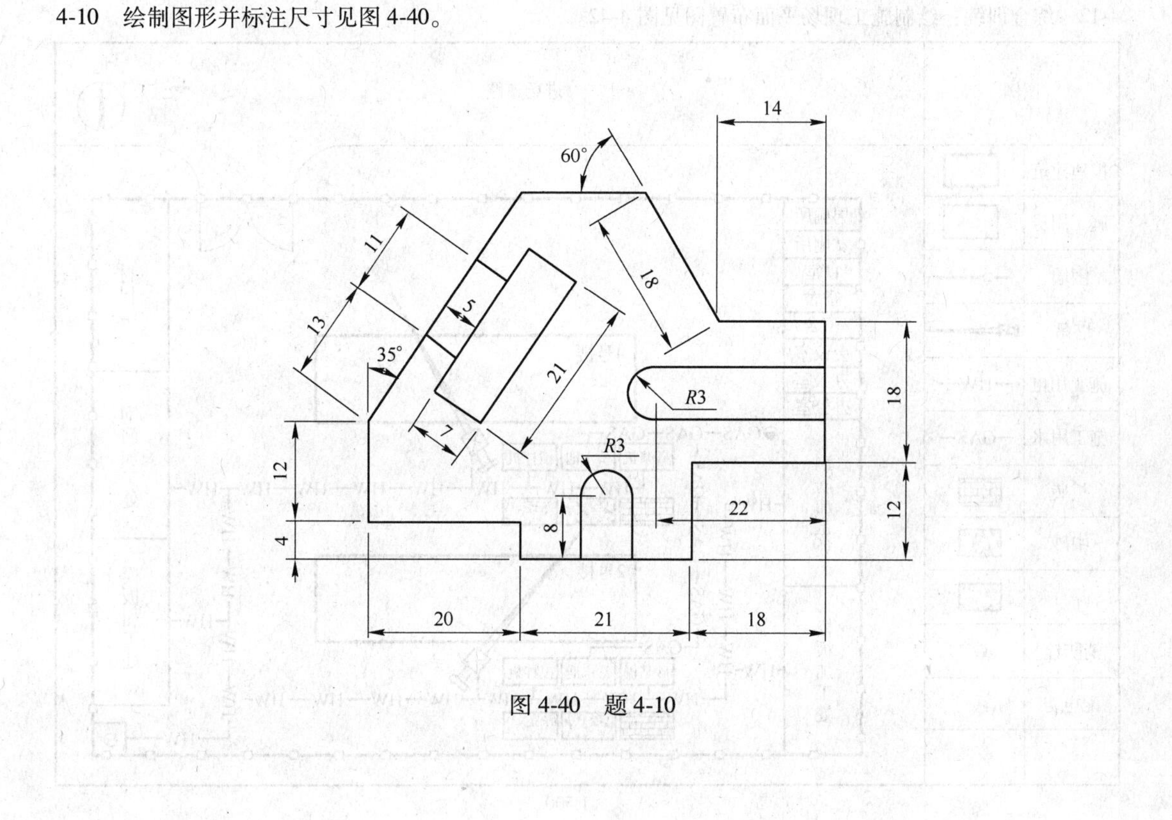

图 4-40　题 4-10

4-11　绘制图形并标注尺寸见图 4-41、图 4-42。

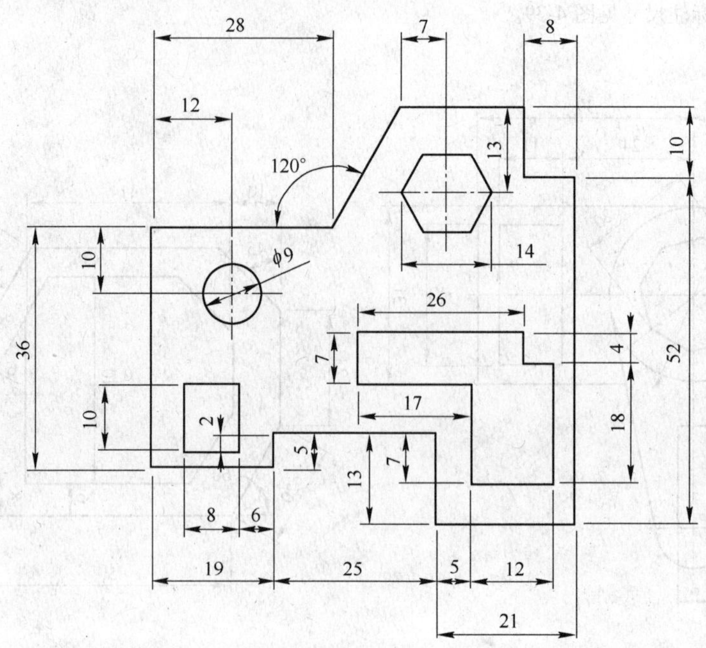

图 4-41　题 4-11

4-12　综合训练：绘制施工现场平面布置图见图 4-42。

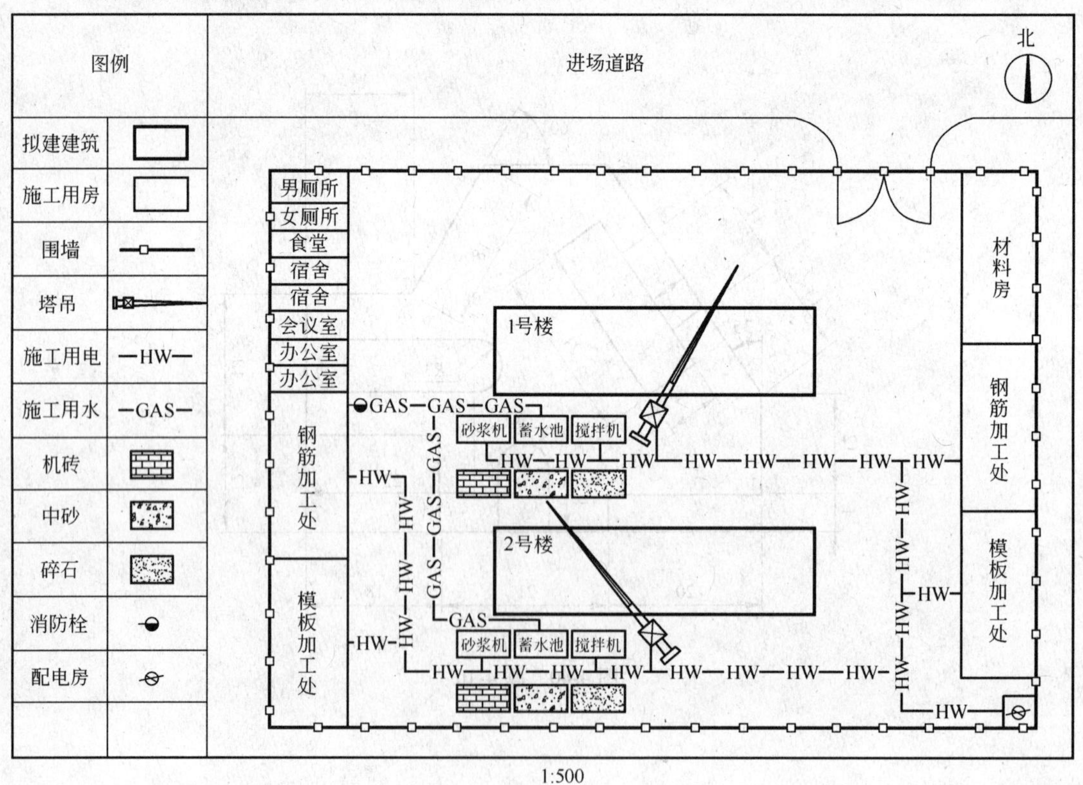

图 4-42　施工现场平面布置图

4-13　综合训练：绘制悬挑脚手架搭设示意图见图 4-43。

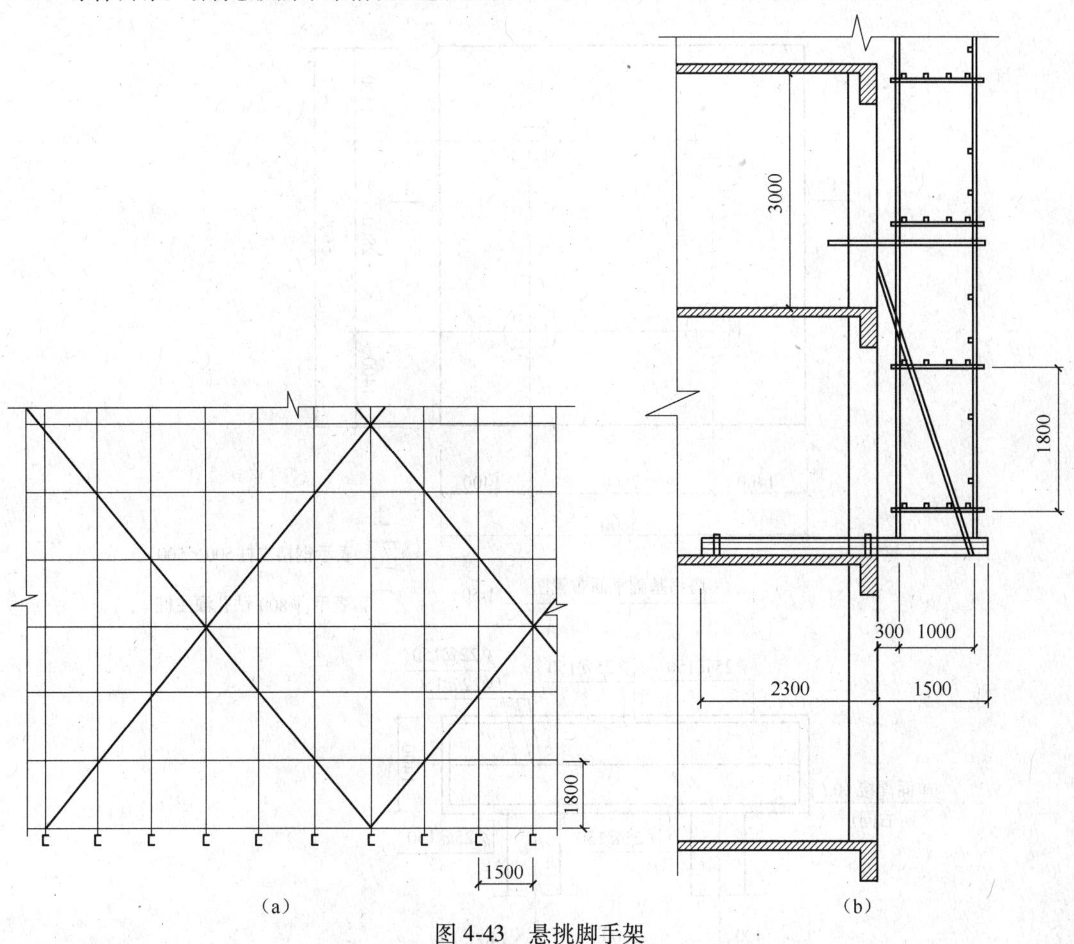

图 4-43　悬挑脚手架

(a) 悬挑脚手架正立面图；(b) 悬挑脚手架剖面图

4-14　综合训练：绘制模板支设示意图见图 4-44。

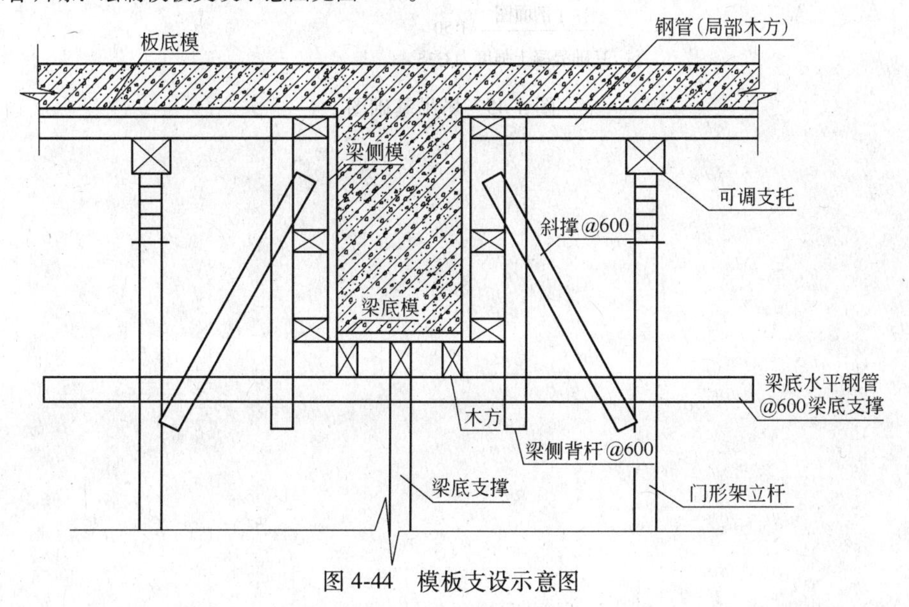

图 4-44　模板支设示意图

4-15　综合训练：绘制塔吊基础图见图 4-45。

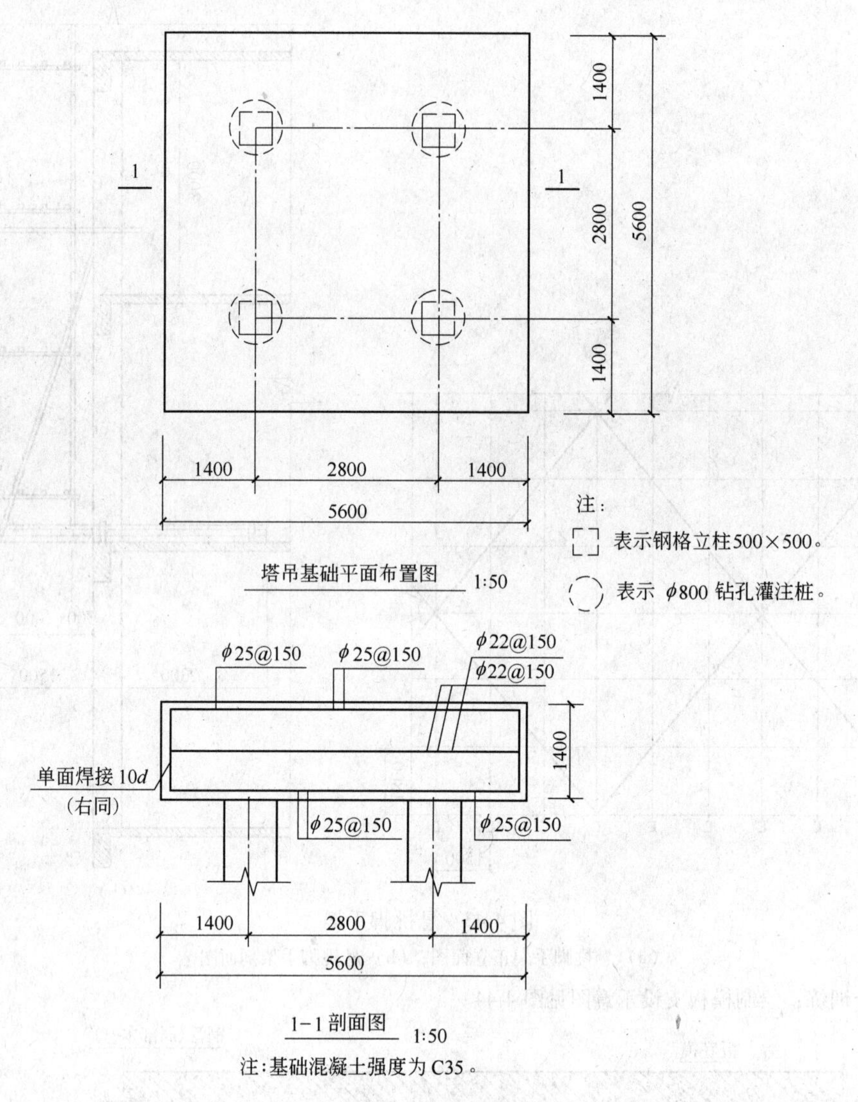

图 4-45　塔吊基础图

5 建筑平面图绘制

学习目标

知识目标：掌握建筑平面图的绘制步骤和技巧。

（1）了解建筑平面图的基本知识和图示内容，熟悉建筑平面图的绘制方法；
（2）熟悉建筑平面图绘制所需的基本绘图和编辑命令；
（3）掌握绘制建筑平面图的一般步骤。

能力目标：培养学生能够快速的绘制建筑平面图。

（1）能够按要求设置图层，包括图层名、颜色、线型、线宽等要求；
（2）能够依据建筑平面图绘图的一般步骤快速绘制建筑平面图；
（3）能够对建筑平面图进行完整的尺寸标注；
（4）能够掌握建筑平面图的绘制技巧。

素质目标：

（1）培养学生诚恳、虚心、勤奋好学的学习态度和科学严谨、实事求是的工作作风；
（2）培养学生树立质量意识、安全意识、标准和规范意识以满足专业岗位的要求；
（3）做事注意技巧掌握，适应考试要求，突出解决问题的能力。

5.1 绘图任务剖析

5.1.1 任务说明

建筑平面图是建筑施工图最基本的图样，简称平面图，是指假想用一水平剖切面将建筑物在某层门窗洞口范围内剖开，然后移去剖切平面以上的部分，对剩下的部分作水平投影所得的投影图。建筑平面图主要反映房屋的平面形状、大小和房间布置；墙或柱的位置、大小和厚度；楼梯、走廊的设置以及门窗的类型和位置等内容，可作为施工放线、砌筑墙、柱、安装门窗和室内装修等工作的重要依据。对于多层建筑来说，建筑平面图一般应有底层平面图、标准平面图、顶层平面图和屋顶平面图等。

5.1.2 任务要求与绘图要求

（1）任务要求：用 AutoCAD 绘制建筑平面图，如图 5-1 所示。该平面图为某公寓楼的一层平面图。

（2）绘图要求：绘图比例为 1∶1，出图比例为 1∶100，采用 A2 图框，字体采用仿宋体。图中未明确标注的家具尺寸、洁具尺寸等，可自行估计。

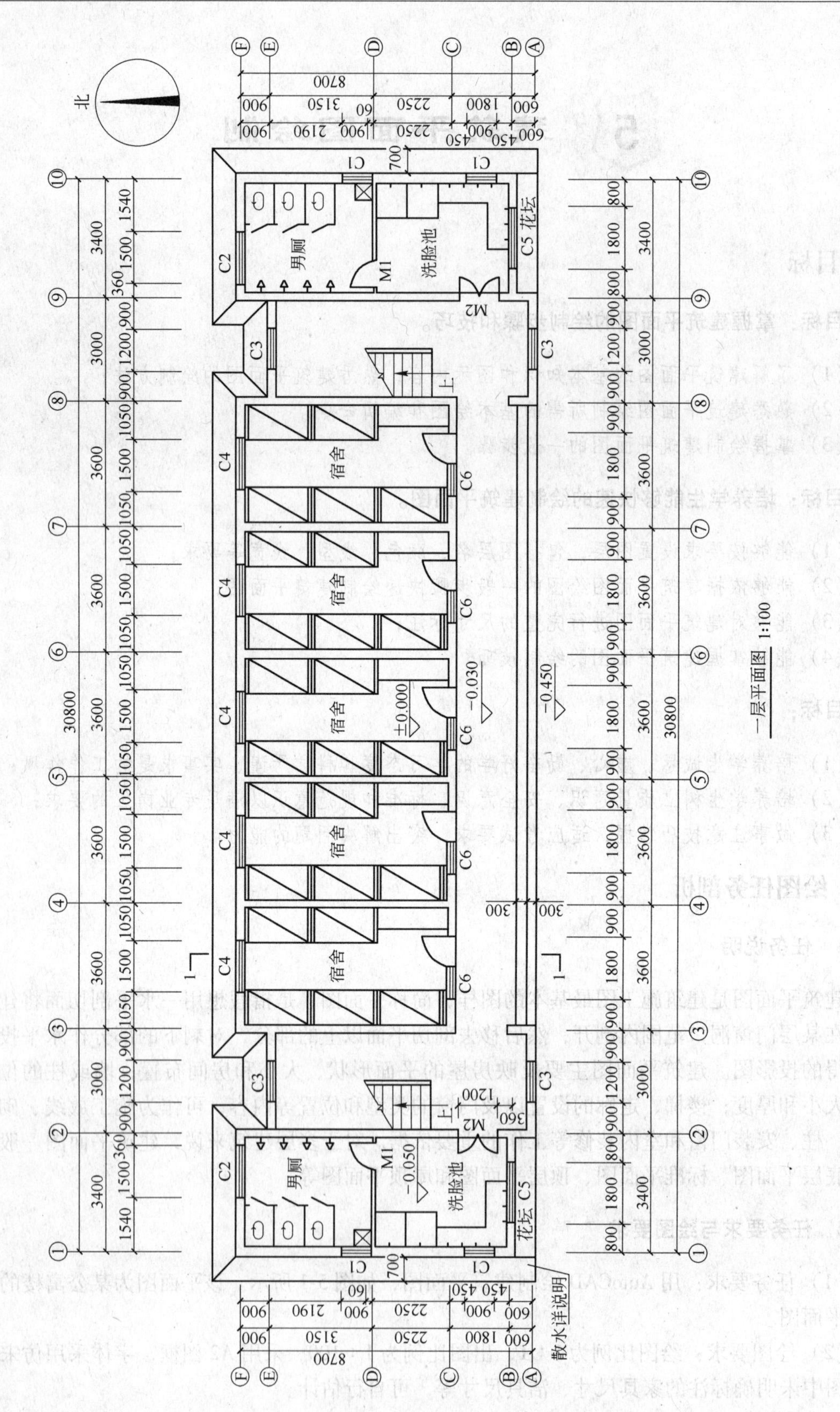

一层平面图 1:100

图 5-1 某公寓一层平面图

5.1.3 绘制建筑平面图的一般步骤

（1）设置绘图环境。主要包括设置图形界限、隐藏 UCS 图标、设置鼠标右键和拾取框、设置对象捕捉、设置图层等。

（2）绘制轴线、墙体和门窗。用点画线绘制主要的轴线，形成轴线网格。先沿定位轴线绘制外墙体，然后再依次绘制内墙、柱子、门窗洞口等。

（3）绘制楼梯、散水及其他。

（4）标注尺寸和文字注释。标注尺寸时，应先标注距离图样较近的细部尺寸，如标注门窗洞口的定位尺寸；然后再标注定位轴间的尺寸，最后标注房屋的总长和总宽尺寸。设置文字样式，然后利用“单行文字”或“多行文字”命令注写各房间的名称、门和窗的编号等。

（5）依次标注必要的标高符号，注写图名并检查图形，最后根据需要打印图形。

5.2 绘图命令回顾

（1）设置绘图环境：

1）设置图形界限。

2）隐藏 UCS 图标。

3）设置鼠标右键和拾取框。

4）设置对象捕捉。

5）设置图层。

（2）基本绘图命令：

1）直线命令——绘制定位轴线、门窗洞口、门扇、楼梯等。

2）圆命令——轴线编号标注。

3）圆弧——门扇。

4）多线命令——绘制双线墙、门窗。

5）多段线——楼梯、散水。

6）矩形命令——床、图框。

（3）编辑命令：

1）偏移命令——绘制定位轴线、门窗洞口、楼梯、散水等。

2）修剪、圆角命令——整理墙线、门窗洞口、楼梯等。

3）分解、移动——床。

4）复制——门窗、楼梯、轴线编号、文字注释。

（4）设置文字样式、标注样式、多线样式。

5.3 建筑平面图绘制步骤

如图 5-1 所示，某公寓的一层建筑平面图，以此为例，其制作步骤如下。

5.3.1 设置绘图环境

（1）设置图形界限及隐藏 UCS 图标。

（2）设置鼠标右键和拾取框。

（3）设置对象捕捉功能。

（4）设置图层：

1）打开图层按钮。点击新建，将在下方空白处出现一个新的图层。然后定义图层的名称、颜色、线型、线宽等。

2）一般需新建6~8个图层，如轴线、墙体、门窗、家具、楼梯散水、尺寸、文字图框等。选择轴线层并设置为当前层。

3）关闭图层对话框。

5.3.2　绘制轴线、墙体、门窗、楼梯

5.3.2.1　轴线的绘制

轴线分为横向和竖向两种。轴线编号之间的数据即为轴线间的尺寸，其操作步骤为：

（1）当前层已设置为轴线层。需打开正交模式（F8）。

（2）在绘图区先绘制A号轴线。输入：L，空格，命令行提示【指定第 一点】：在左侧据轴线间尺寸，用偏移生成横向轴线。输入：O，空格，命令行提示【指定偏移距离或［通过（T）/删除（E）/图层（L）］:】，输入：600，空格，用鼠标左键点取A号轴线向上偏移生成B号轴线。重复以上命令，直至完成全部横向轴线绘制。

（3）在绘图区的左侧先用L命令绘制1号轴线，然后根据轴线尺寸，用偏移生成竖向轴线，完成竖向轴网的绘制，如图5-2所示。

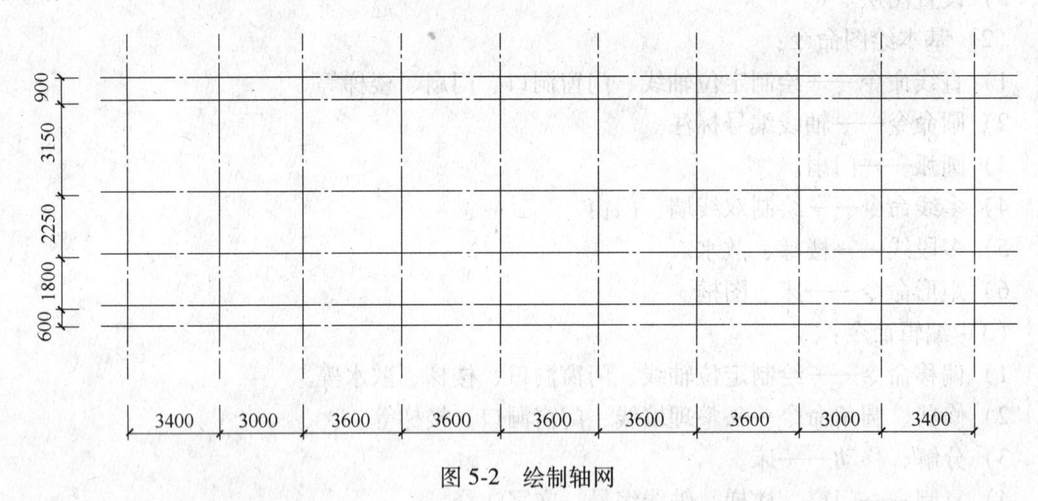

图5-2　绘制轴网

5.3.2.2　绘制墙体

绘制墙体分为三步：

（1）将当前层设置为墙体层。

（2）用多线命令绘制双线墙。绘制完毕对双线墙进行分解，并用修剪（TR）及圆角（F）命令对墙线进行整理。

（3）开门窗洞。首先用直线命令（L），完成窗洞口线AB的绘制。输入：L，空格，

命令行提示【指定第一点:】，此时对象捕捉和对象追踪状态设置为开，鼠标靠近点 E，捕捉点 E 为基准点，显示点 E 已被自动捕捉即可，然后指定方向水平向右，输入：780：找到直线起点 A，做垂直线 AB。输入：O，空格，命令行提示【指定偏移距离或［通过（T）/删除（E）/图层（L）］:】，输入：1200，空格，用鼠标左键点取直线 AB，完成窗洞口右侧线 CD，如图 5-3 所示。最后用 TR 修剪命令修剪出洞口，如图 5-4 所示。用同样方法完成门窗洞口的绘制，如图 5-5 所示。

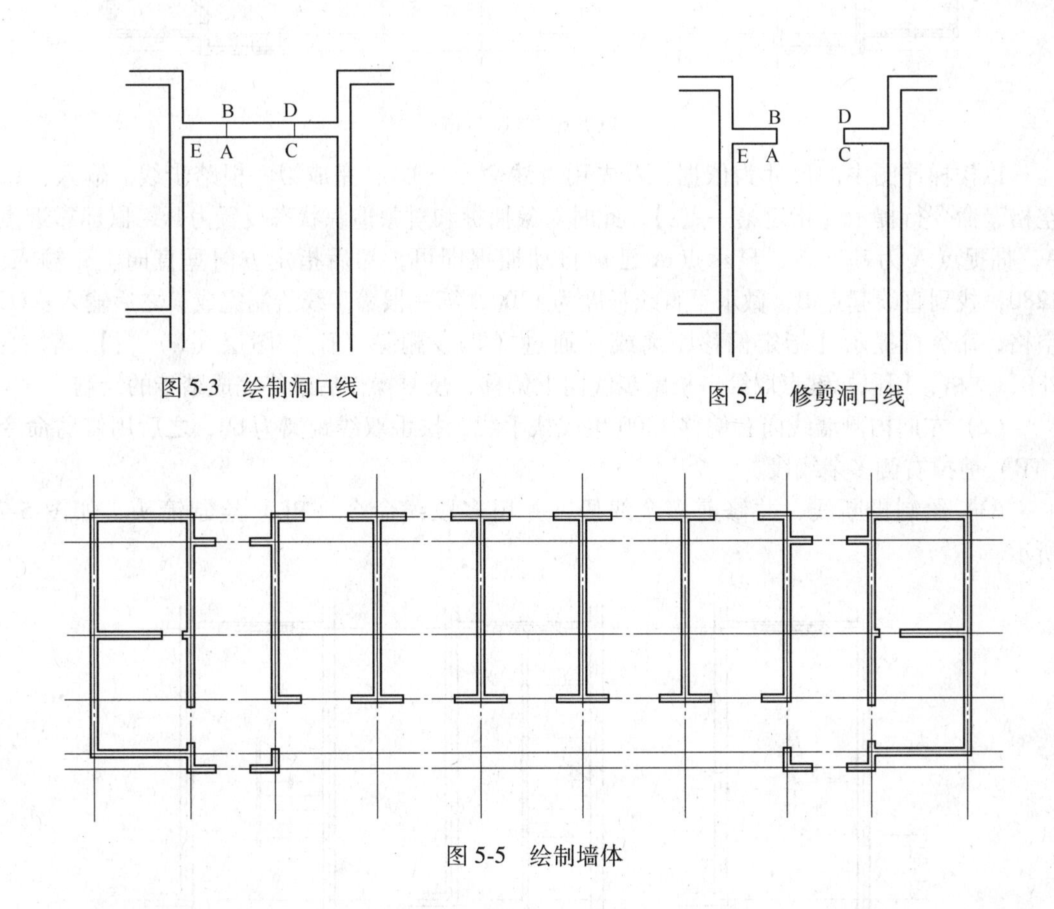

图 5-3　绘制洞口线

图 5-4　修剪洞口线

图 5-5　绘制墙体

5.3.2.3　绘制门窗

绘制门窗分三步：

（1）将当前层设置为门窗层。

（2）用多线命令（ML）绘制窗，且相同的门窗可以复制，例如 5 个房间的门连窗部分。

（3）用直线命令（L）绘制门扇。以起点、端点、半径的操作方法作 1/4 圆弧。如图 5-6 所示。

5.3.2.4　绘制楼梯

绘制楼梯分三步：

（1）将当前层设置为楼梯层。

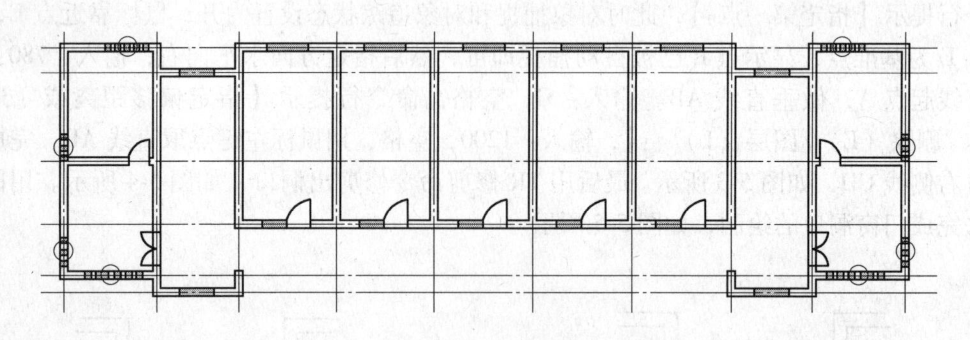

图 5-6 绘制门窗

以楼梯详图中的尺寸为依据，首先用直线命令（L），完成第一根踏步线。输入：L，空格，命令行提示【指定第一点:】，此时对象捕捉和对象追踪状态设置为开，鼠标靠近点A，捕捉点 A 为基准点，显示点 A 已被自动捕捉即可，然后指定方向垂直向上，输入：1280，找到直线起点 B，做水平直线长度为 1300，第一根踏步线绘制完成。之后输入：O，空格，命令行提示【指定偏移距离或［通过（T）/删除（E）/图层（L）］:】，输入：280，空格，用鼠标键点取第一根踏步线向上偏移，反复操作后最终完成踏步的绘制。

（2）左向内侧墙线向右偏移 1300 生成扶手线，扶手双线距离为 60，之后用修剪命令（TR）剪掉右侧多余线段。

（3）绘制折断线，并修剪多余线段，并用多段线命令（PL）绘制箭头，如图 5-7 所示。

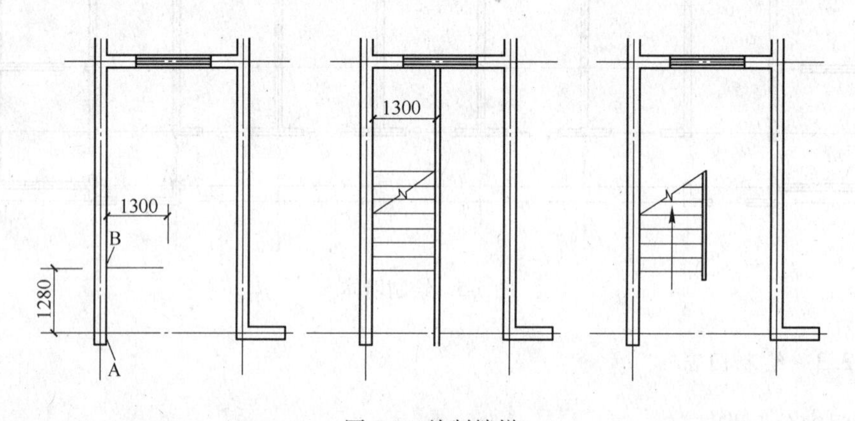

图 5-7 绘制楼梯

5.3.3 绘制散水及其他

5.3.3.1 绘制散水

绘制散水分两步：

（1）将散水层置为当前层，用多段线命令（PL）绘制建筑的外围轮廓线。

（2）利用偏移命令，将刚绘制的外围轮廓线向外偏移 600，即为散水线。转弯处用 45°直线相连接。

5.3.3.2 绘制其他

绘制其他分三步：

（1）将家具层置为当前。利用矩形命令绘制房间里的床。如床的尺寸为2000×1000输入：REC，空格，命令行提示【指定第一个角点或［倒角（C）/标高（E）/圆角（F）/厚度（T）/宽度（W）］:】，在空白处指定矩形第一点。命令行提示【指定另一个角点或［面积（A）/尺寸（D）/旋转（R）］】，输入：D，空格，【指定矩形长度<0.0000>:】，输入：1000，空格；【指定矩形宽度<0.0000>:】，输入：-2000，空格；点击确定完成矩形绘制。

（2）利用分解命令（X）对矩形进行分解，把上下两条直线分别向内侧偏移80，之后绘制一条斜线，完成床的平面图绘制。利用移动和复制命令，对床进行分布处理。

（3）卫生间内的洁具按详图尺寸要求绘制，然后按图纸要求布置，最后完成图框的绘制。

5.3.4 尺寸标注及文字注释

尺寸标注如下：

（1）设置标注样式。

点击“格式”的下拉菜单栏，选择“标注样式”并点击，弹出“标注样式管理器”对话框。点击“标注样式管理器”对话框右侧的“新建”，在弹出的“创建新标注样式”对话框里输入新样式名的名称。单击“继续”将弹出“标注样式设置”对话框。修改“基线间距”和“超出尺寸线”的值设置为1，“起点偏移量”的值设置为2。点击“符号和箭头”按钮，设置为“建筑标识”。点击“文字”按钮，设置字体为simplex.shx，字高为0，高宽比为0.7。点击“调整”按钮，设置使用全局比例为100。最后点击“确定”即可完成标注样式的所有设置。

（2）按图纸要求进行完整的尺寸标注。

（3）设置文字样式。

根据任务要求，绘图比例为1∶1，出图比例为1∶100，字体为仿宋体。单击“格式”菜单栏，光标到“文字样式”并用鼠标左键点击，之后在弹出的对话框里点击“新建”按钮，输入样式名称，例如“仿宋体”。选择“txt.shx”，字高输入500，宽度比例输入0.7，点击“应用”按钮，并关闭对话框。

（4）按要求进行完整的文字标注。

（5）绘制轴号和其他符号。

5.4 建筑平面图实例

某公寓二至四层平面图，如图5-8所示。

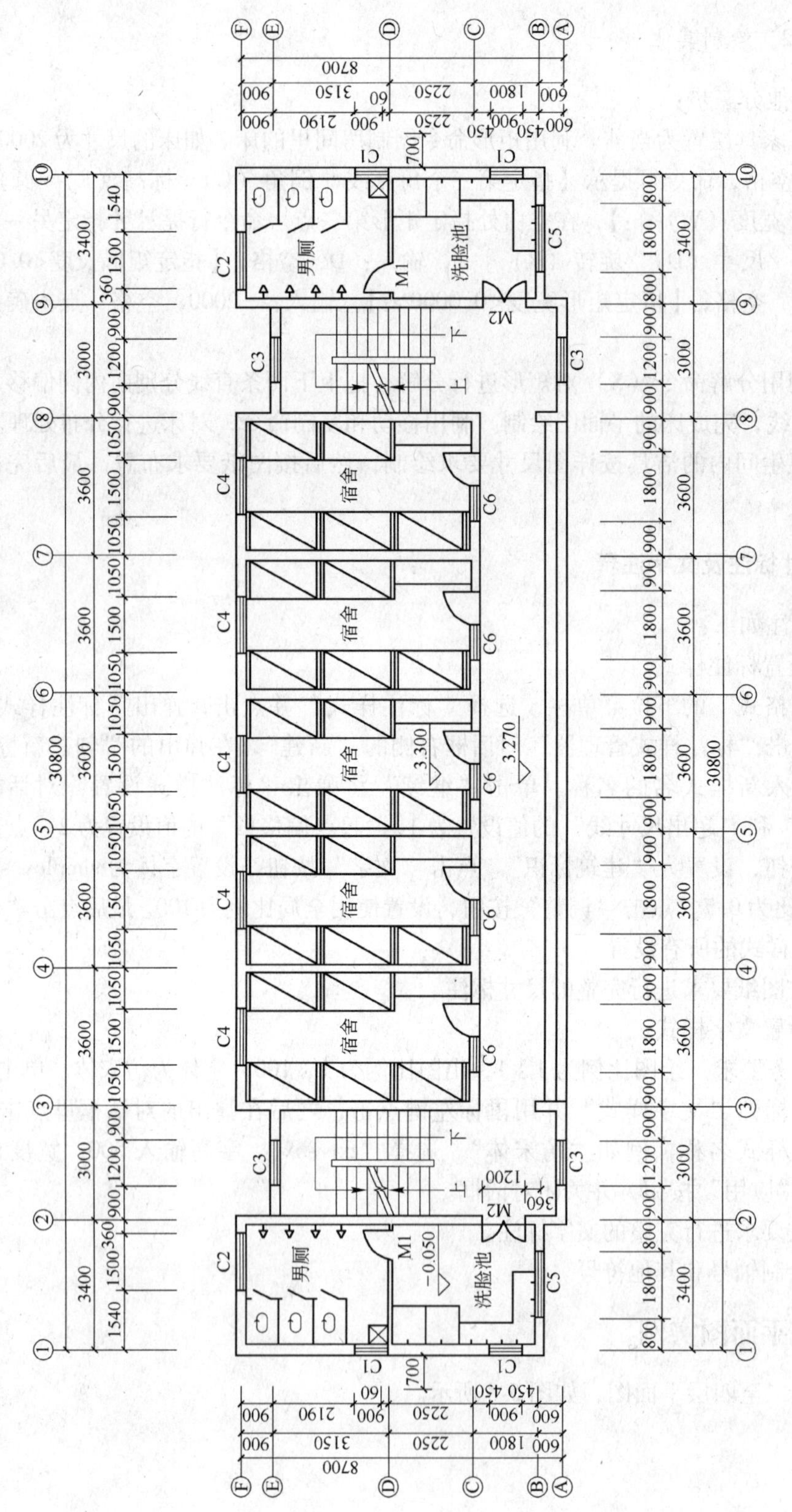

图5-8　某公寓二至四层平面图

思考与能力训练题

5-1 绘制图 5-9 建筑平面图图样。

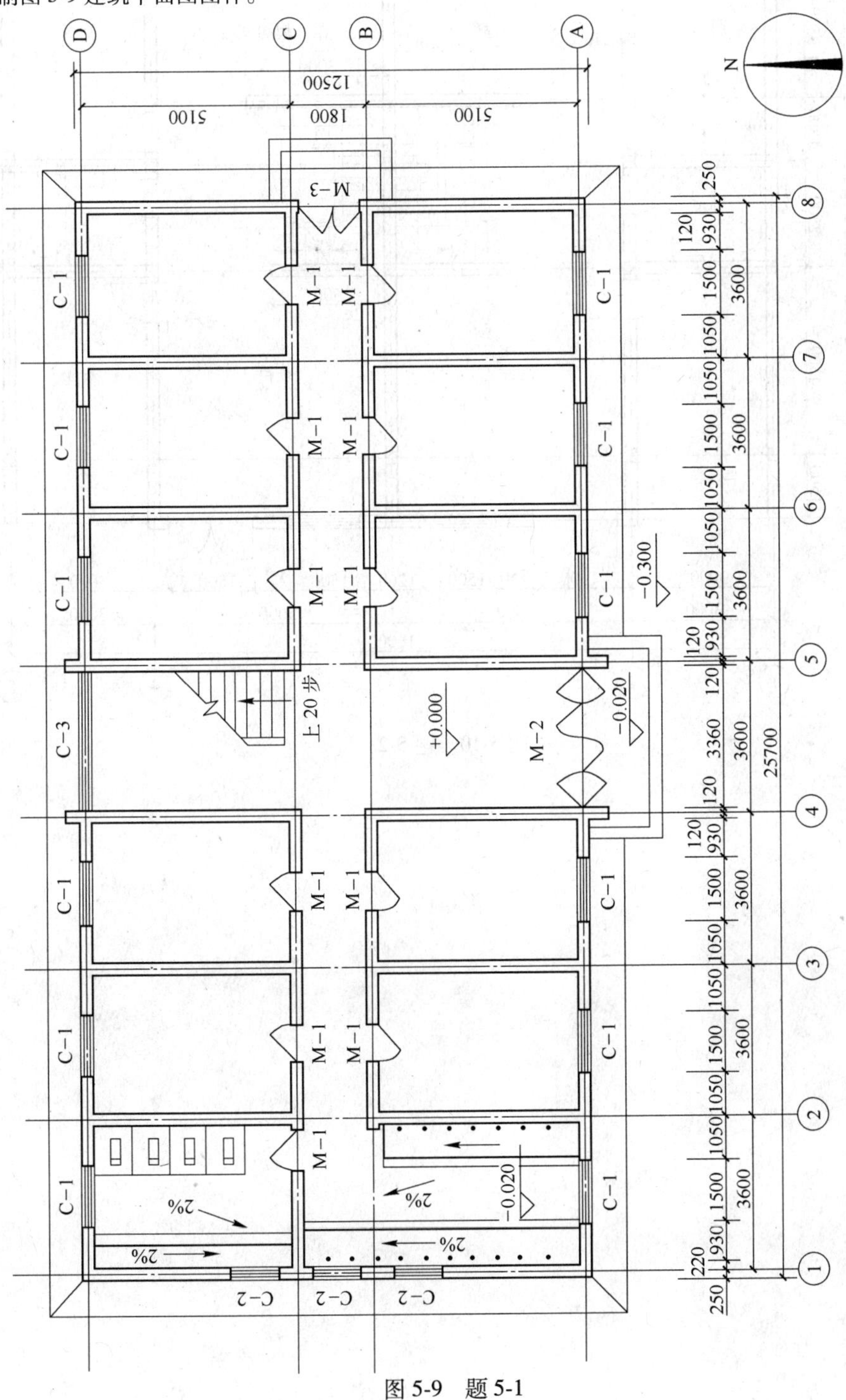

图 5-9 题 5-1

5-2　绘制图 5-10 建筑平面图图样。

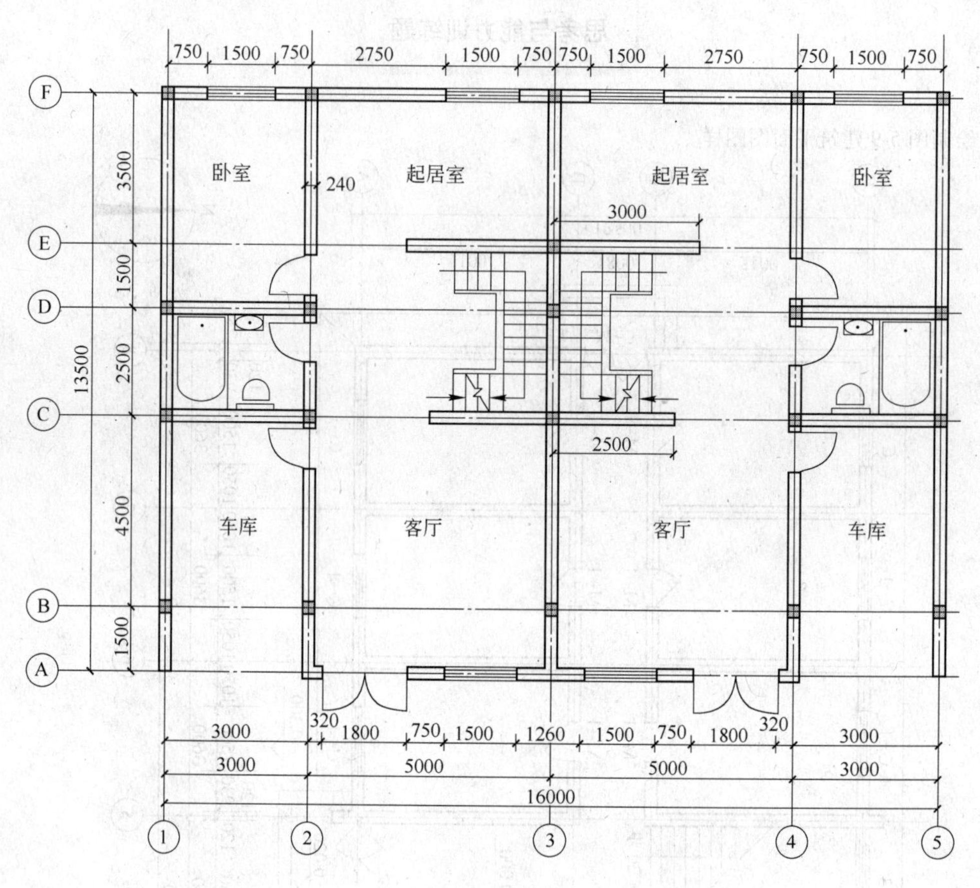

图 5-10　题 5-2

6 建筑立面图绘制

学习目标

知识目标：掌握建筑立面图的绘制步骤和技巧。

（1）了解建筑立面图的基本知识和图示内容，熟悉建筑立面图的绘制方法；
（2）熟悉建筑立面图绘制所需的基本绘图和编辑命令；
（3）掌握绘制建筑立面图的一般步骤。

能力目标：培养学生能够快速的绘制建筑立面图。

（1）能够按要求设置图层，包括图层名、颜色、线型、线宽等要求；
（2）能够依据建筑立面图绘图的一般步骤快速绘制建筑立面图；
（3）能够对建筑立面图进行完整的尺寸标注；
（4）能够掌握建筑立面图的绘制技巧。

素质目标：

（1）培养学生诚恳、虚心、勤奋好学的学习态度和科学严谨、实事求是的工作作风；
（2）培养学生树立质量意识、安全意识、标准和规范意识以满足专业岗位的要求；
（3）做事注意技巧掌握，适应考试要求，突出解决问题的能力。

6.1 绘图任务剖析

6.1.1 任务说明

建筑立面图简称立面图，是将房屋的各个侧面向与之平行的投影面作正投影所得的图样，它主要反映房屋的外部造型、外墙面装饰情况、外墙面上门窗位置、入口处和阳台的造型等内容。立面图是设计师表达立面设计效果的重要图纸，是指导施工图的基本依据之一。

6.1.2 任务要求与绘图要求

（1）任务要求：用 AutoCAD 绘制建筑立面图，如图 6-1 所示。该图为某公寓楼的立面图。

（2）绘图要求：绘图比例为 1∶1，出图比例为 1∶100，采用 A3 图框，字体采用仿宋体。图中未明确标注的尺寸，可自行估计。

6.1.3 绘制建筑立面图的一般步骤

在 AutoCAD 中绘制好建筑平面图后，绘制与之对应的立面图，按如下步骤进行：

（1）打开已经绘制好的平面图，将该平面图形作为绘制立面图形的辅助图形。

（2）创建需要的图层，如“地平线”和“轮廓线”图层等。

（3）利用“长对正、高平齐、宽相等”的投影原则，从平面图中引出建筑物轮廓的竖直投影线，然后依次绘制地平线、屋顶线和墙体线等。

（4）从平面图中各门窗的洞口线处引出竖直投影线，然后绘制水平辅助线以确定门窗位置，最后绘制门窗立面图。

（5）从平面图中引出阳台、台阶和楼梯等辅助线，然后在立面图中绘制与之对应的各部分，最后绘制雨篷、雨水管、屋顶上可见的排烟口、水箱间等细节。

（6）借助平面图的文字样式和标注样式为立面图标注尺寸，标注标高及注释文字等。

6.2 绘图命令回顾

（1）设置绘图环境：

1）设置图形界限。

2）隐藏 UCS 图标。

3）设置鼠标右键和拾取框。

4）设置对象捕捉。

5）设置图层。

（2）基本绘图命令：

1）直线命令——绘制室外地平线、大门、台阶等。

2）构造线命令——定位轴线、外轮廓线、墙体、门窗、台阶等。

3）矩形命令——门窗。

（3）编辑命令：

1）偏移命令——绘制屋顶线、门窗等。

2）修剪命令——外墙、门窗、台阶等。

3）复制命令——台阶、门窗、标高等。

4）移动命令——调整距离、标高等。

5）镜像命令——对称部分绘制、标高等。

（4）设置文字样式、标注样式、多线样式。

6.3 建筑立面图绘制步骤

如图 6-1 所示，某公寓的建筑立面图，以此为例，其制作步骤如下：

（1）创建“地平线”图层，其线宽设置为“1”；创建“轮廓线”图层，线宽设置为“0. 35”；将“地平线”图层设置为当前图层。

（2）如图 6-2 中的直线 AB，是利用“直线”命令绘制室外地平线；单击“构造线”按钮，输入“v”并按“Enter”键，然后在平面图中捕捉并单击阳台最外轮廓线上的任意一点，以及左右两侧竖直方向上最外侧墙上的任意点，结果如图 6-2 所示。

（3）将直线 AB 向上偏移 15100，绘制立面图最高处的轮廓线，依次绘制屋顶线，使用“修剪”命令修剪多余线条，如图 6-3 所示。

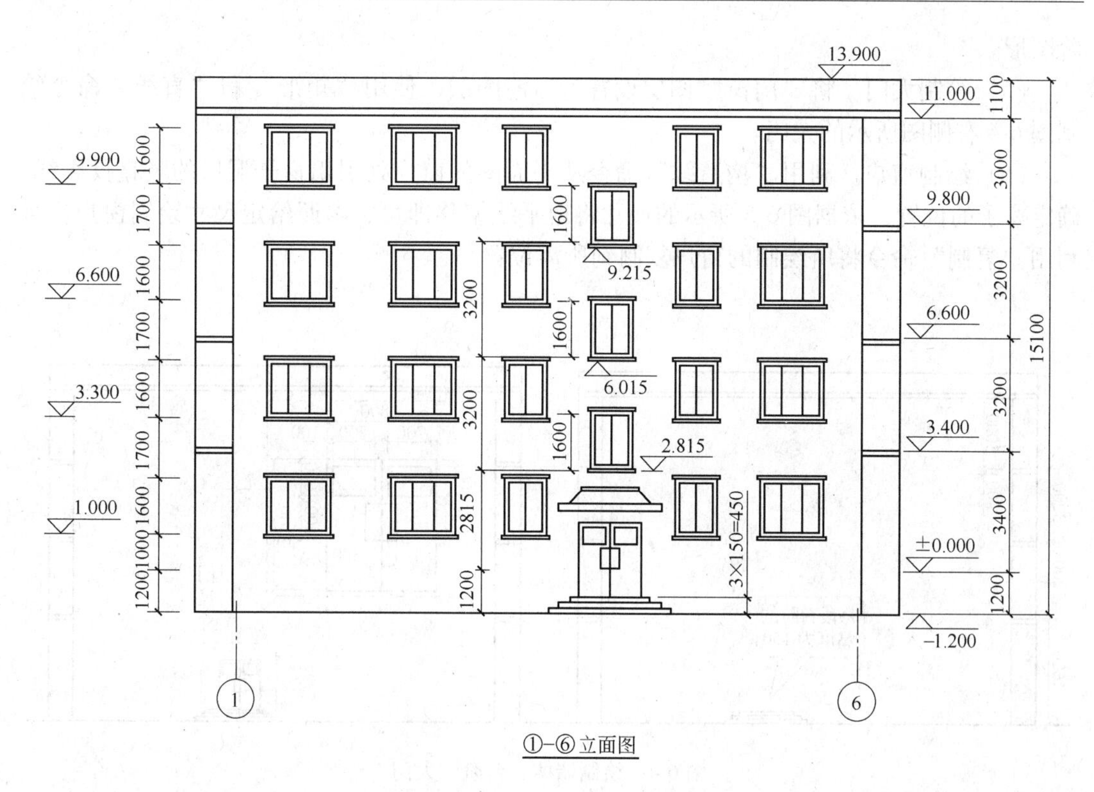

图 6-1 某公寓的建筑立面图

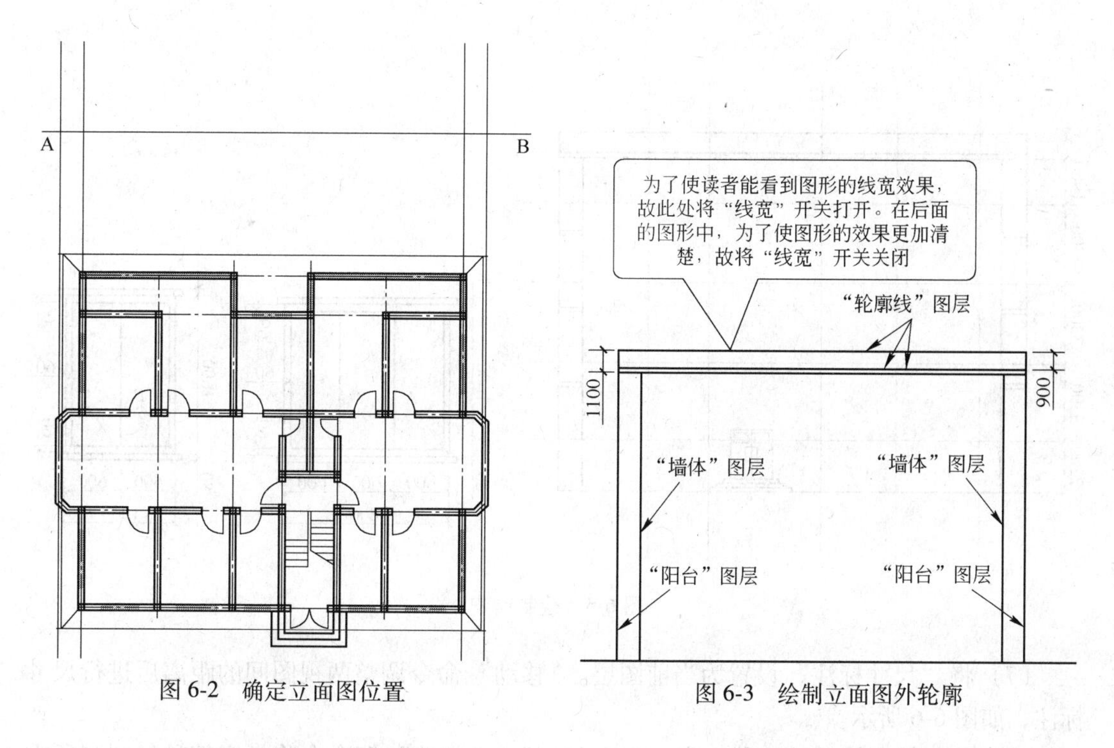

图 6-2 确定立面图位置

图 6-3 绘制立面图外轮廓

（4）绘制台阶。利用“复制”、“偏移”和“修剪”命令绘制图 6-4 左侧图的轮廓线后，将“台阶”图层设置为当前图层，利用“构造线”、“偏移”和“修剪”命令绘制台阶图形。

（5）绘制大门。将“门窗”图层设置为当前图层，使用“矩形”和“直线”命令绘制图 6-4 右侧图所示的大门。

（6）绘制窗户。利用“构造线”命令从平面图的窗户处引出窗子洞口的竖直投影线，确定窗子的位置，依据图 6-5 所示的尺寸将地平线偏移即可，参照给定尺寸绘制窗户，且利用“复制”命令将所绘制的窗户复制到所需位置。

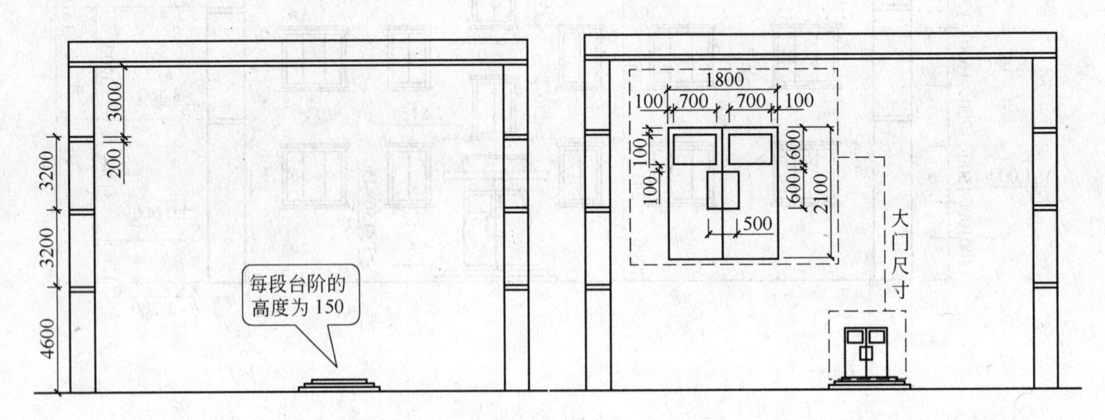

图 6-4　绘制墙体、台阶、大门

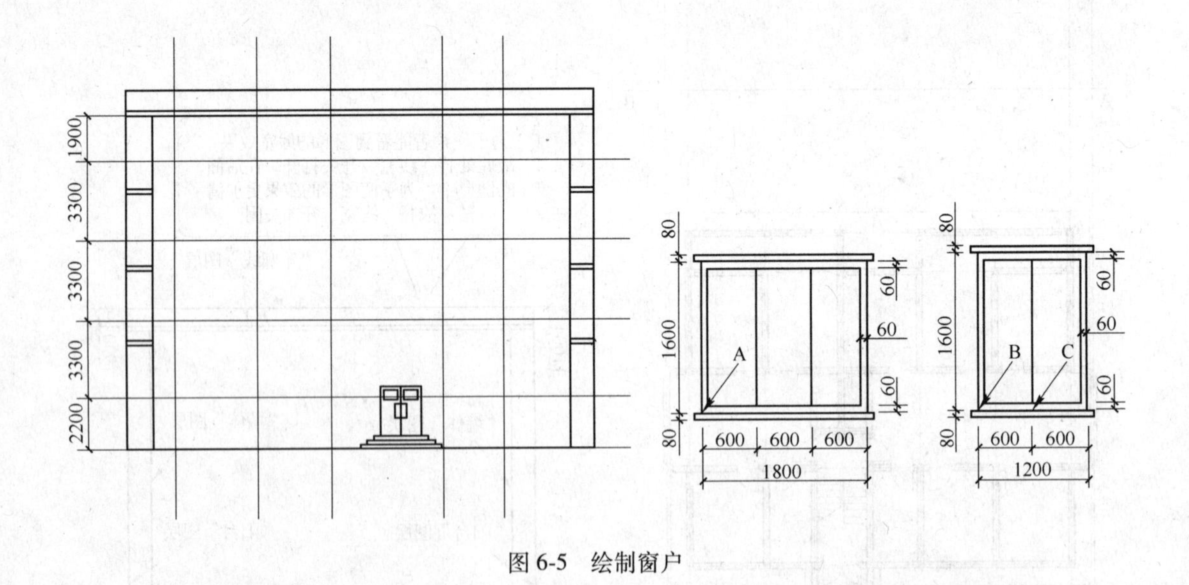

图 6-5　绘制窗户

（7）将“尺寸标注”设置为当前图层。“移动”命令调整两视图间的距离后进行尺寸标注，如图 6-6 所示。

（8）绘制标高符号及注释文字。用“复制”、“移动”等命令将标高符号复制到所需位置。之后用“多行文字”命令注写相应文字。

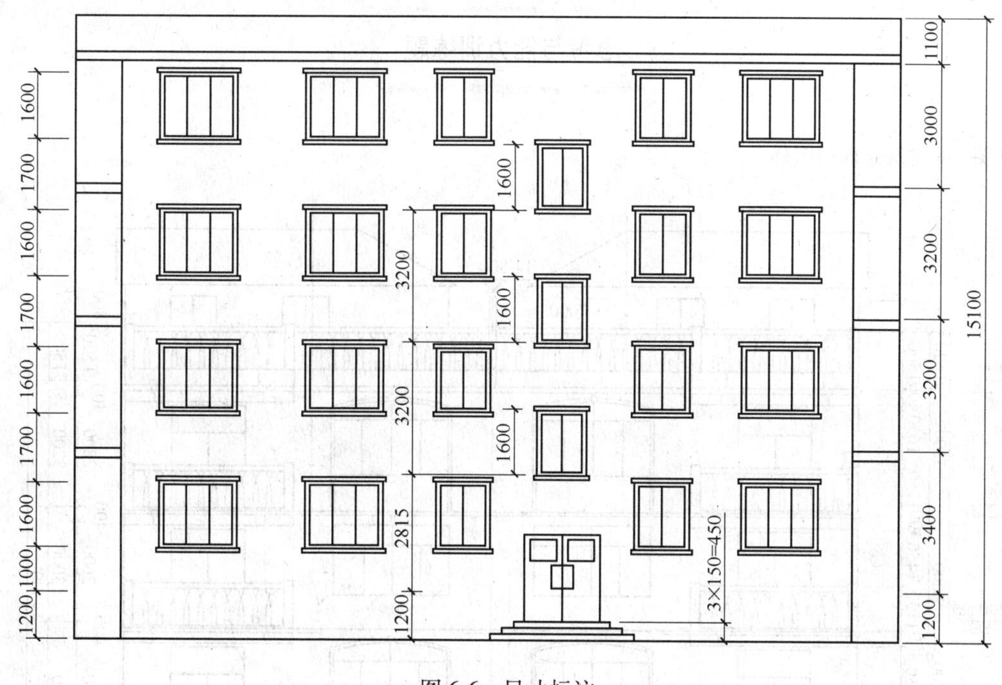

图 6-6 尺寸标注

6.4 建筑立面图实例

某学校教学楼立面图，如图 6-7 所示。

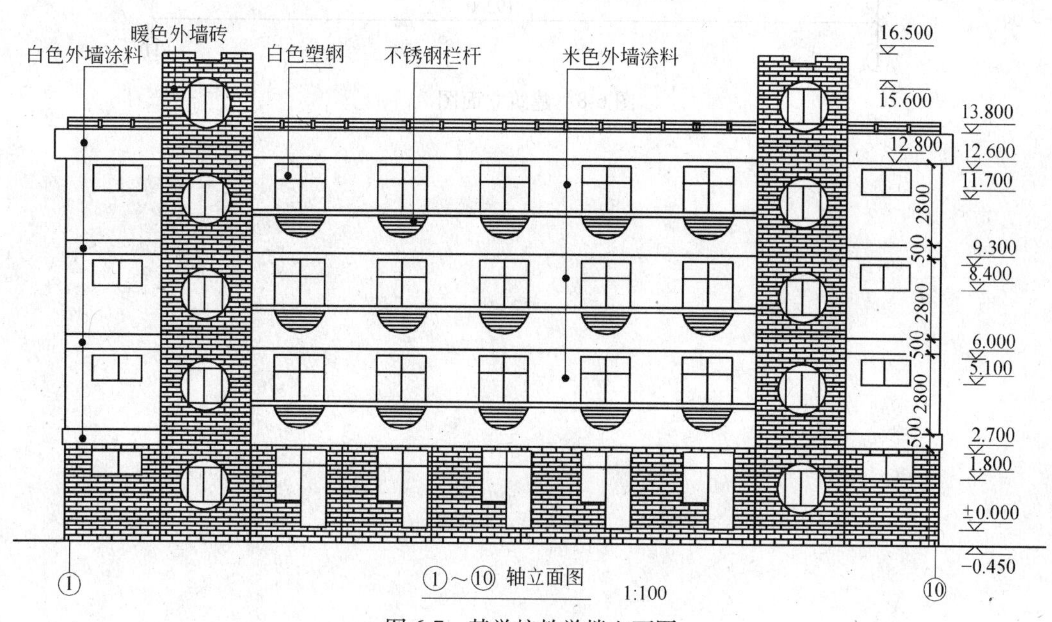

图 6-7 某学校教学楼立面图

思考与能力训练题

绘制图 6-8 建筑立面图图样。

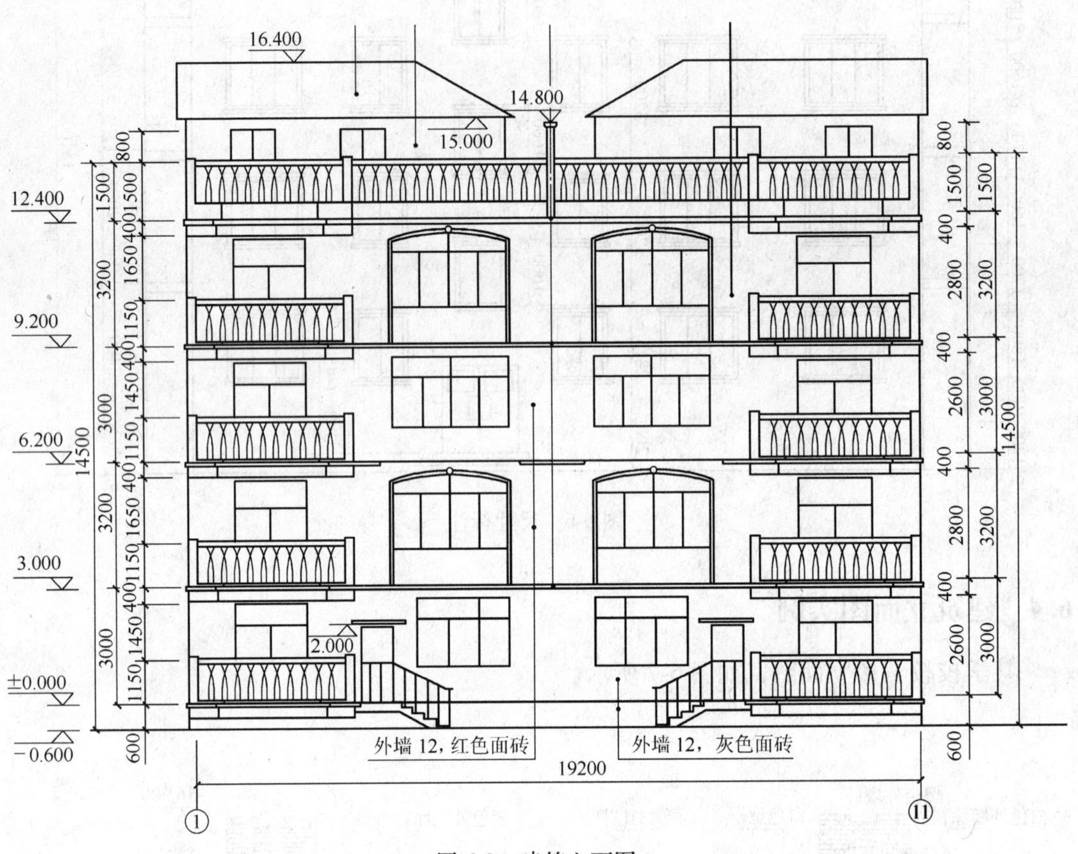

图 6-8　建筑立面图

7 建筑剖面图绘制

学习目标

知识目标：掌握建筑剖面图的绘制步骤和技巧。

（1）了解建筑剖面图的形成和图示内容；
（2）熟悉建筑剖面图绘制需要的基本绘图和编辑命令；
（3）掌握绘制建筑剖面图的一般步骤。

能力目标：培养学生能够快速的绘制建筑剖面图。

（1）能够按要求设置图层，包括图层名、颜色、线型、线宽等要求；
（2）能够依据建筑剖面图绘图的一般步骤快速绘制建筑剖面图；
（3）能够对建筑剖面图进行完整的尺寸标注；
（4）能够掌握建筑剖面图的绘制技巧。

素质目标：

（1）培养学生认真、虚心、勤奋的学习态度和严谨、细致的工作作风；
（2）培养学生树立质量意识、安全意识、标准和规范意识以满足专业岗位的要求；
（3）培养学生善于掌握技巧，适应考试要求，快速解决问题的能力。

7.1 绘图任务剖析

7.1.1 任务说明

建筑剖面图是假想用一个平行于正立投影面或侧立投影面的竖直剖切面将建筑物垂直剖开，移去处于观察者和剖切面之间的部分，把余下的部分向投影面投射所得投影图，能够表明房屋内部垂直方向的主要结构。

建筑剖面图主要表示建筑物垂直方向的内部构造和结构形式，反映房屋的层次、层高、楼梯、结构形式、层面及内部空间关系等。它与建筑平面图、立面图相配合，是建筑施工图中不可缺少的重要图样之一。

7.1.2 任务要求与绘图要求

（1）任务要求：用 AutoCAD 绘制建筑剖面图，如图 7-1 所示。该剖面图为某住宅剖面图。

（2）绘图要求：绘图比例为 1∶1，出图比例为 1∶100，字体采用仿宋体。

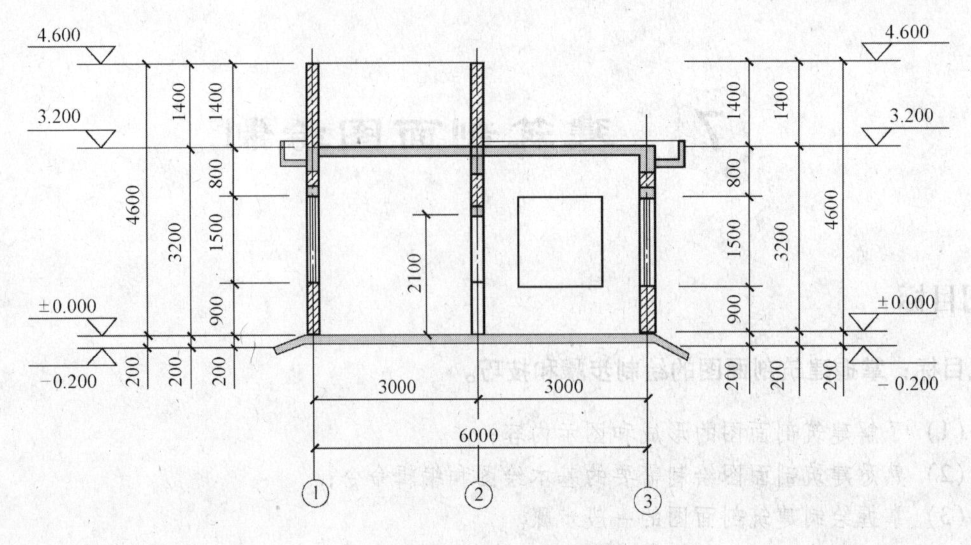

图 7-1　1—1 剖面图

7.1.3　绘制建筑剖面图的一般步骤

（1）创建绘制剖面图所需要的图层。

（2）绘制轴线、外轮廓线、门、窗和墙体等。

（3）绘制楼板、楼梯、阳台、雨篷、台阶等细部构件。

（4）图案填充。如剖切到的部位需要填充相关建筑材料图例时应用。

（5）标注尺寸、注写标高、标注定位轴线及编号、注写图名。

（6）全面检查所有图样，根据需要打印输出图形。

7.2　绘图命令回顾

（1）设置绘图环境：

1）设置图形界限；

2）隐藏 UCS 图标；

3）设置鼠标右键和拾取框；

4）设置对象捕捉；

5）设置图层。

（2）基本绘图命令：

1）直线命令——绘制定位轴线、顶棚线、地坪线；

2）圆命令——轴号编注；

3）多线命令——绘制双线墙、梁、楼板、窗；

4）多段线命令——室内外地坪线；

5）矩形命令——图框、窗。

（3）编辑命令：

1）偏移命令——绘制定位轴线；

2）修剪命令——室内外地坪线、楼板线、顶棚线。

（4）设置文字样式、标注样式、多线样式。

7.3 建筑剖面图绘制步骤

如图 7-1 所示，某住宅剖面图，其制作步骤如下。

（1）创建下列图层，设置“轴线”图层作为当前图层。

名　称	颜色	线 型	线宽
轴线	白色	Center	默认
剖切轮廓线	蓝色	Continuous	0.70
可见部分	白色	Continuous	默认
地坪	白色	Continuous	1.00
尺寸标注	绿色	Continuous	默认

（2）绘制定位轴线。按照图 7-1 所示，利用“直线”、“偏移”、“圆”命令等，绘制剖面图的轴线并进行编号。

（3）绘制地坪线。利用“直线”命令，设置“地坪”图层为当前图层来绘制室外地坪线位置（标高为-0.200），切换至“可见部分”图层来绘制室内地坪线（标高为-0.000），如图 7-2 所示。

（4）绘制墙、梁和楼板。设置“剖切轮廓线”图层为当前图层，利用“多线”、“直线”、“修剪”命令绘制墙体轮廓线、梁轮廓线和楼板轮廓线。切换至“地坪”图层，修改地坪线，结果如图 7-3 所示。

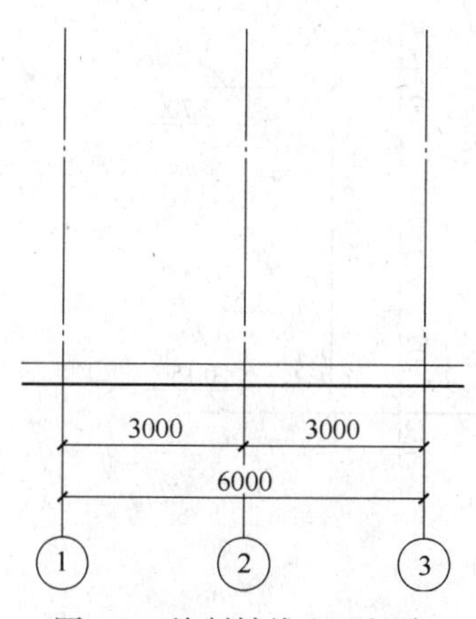

图 7-2　绘制轴线和地坪线

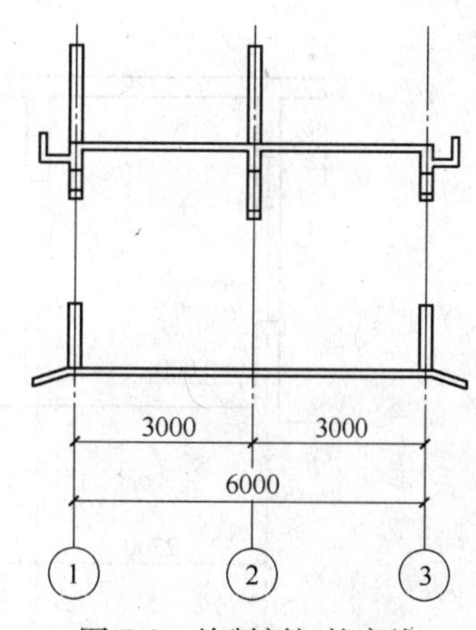

图 7-3　绘制剖切轮廓线

（5）绘制门窗。设置“可见部分”图层为当前图层，利用“多线”、“矩形”、“直线”命令绘制门窗及可见部分轮廓线，如图 7-4 所示。

（6）填充图例。对剖面砖墙部分进行填充，点击“图案填充”命令，弹出“图案填充和渐变色”对话框，在“图案填充”选项卡中设置“类型”为“用户定义”，“角度”为 45°，“间距”为 100；对钢筋混凝土部分进行填充，填充图案为 SOLID，填充后如图 7-5 所示。

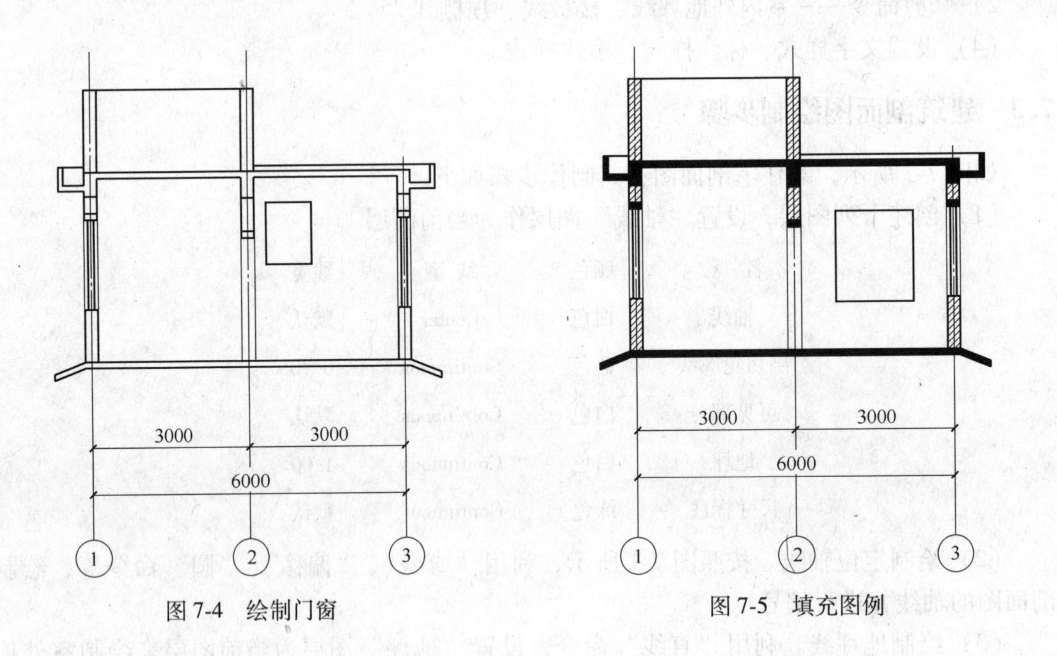

图 7-4　绘制门窗　　　　图 7-5　填充图例

（7）尺寸标注和标高标注。按设置的标注样式进行完整的尺寸标注及注写全部标高，最终完成剖面图的绘制。

7.4　建筑剖面图实例

（1）绘制图 7-6 所示的剖面图，掌握建筑剖面图的绘制方法。

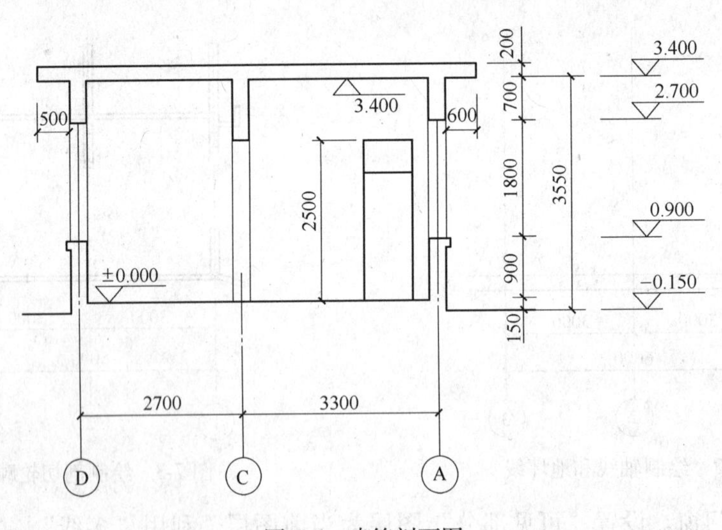

图 7-6　建筑剖面图

（2）绘制图 7-7 所示的剖面图。熟练掌握建筑剖面图的绘图步骤及技巧。熟练掌握多段线、直线、图案填充、修剪等工具的使用方法。

（3）绘制图 7-8 所示的剖面图。

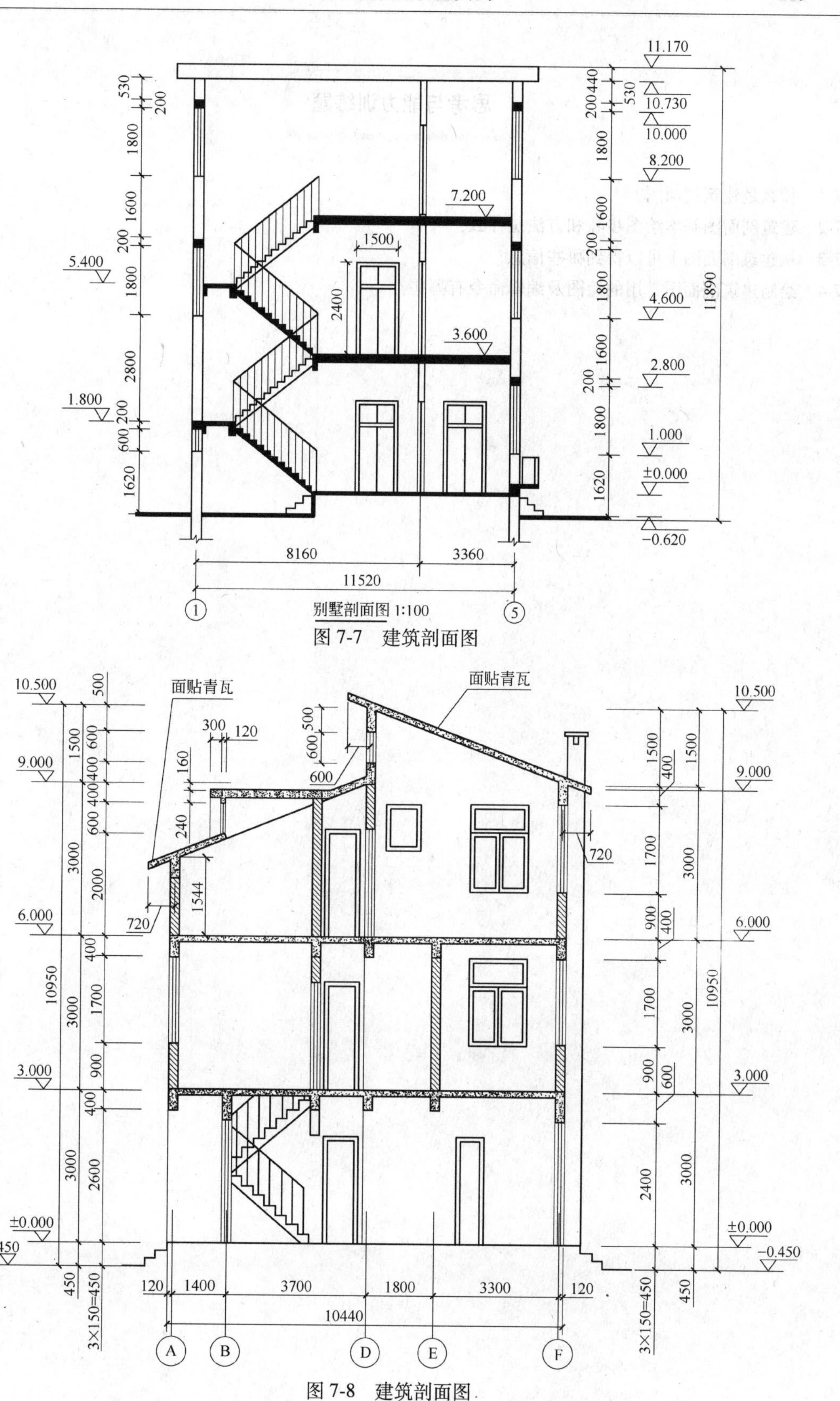

图 7-7 建筑剖面图

图 7-8 建筑剖面图

思考与能力训练题

7-1 什么是建筑剖面图?

7-2 建筑剖面图基本绘图步骤和方法是什么?

7-3 从建筑剖面图上可以得到哪些信息?

7-4 绘制建筑剖面图常用的绘图及编辑命令有哪些?

8 建筑详图绘制

学习目标

知识目标：掌握建筑详图的绘制步骤和技巧。

（1）了解建筑详图的基本知识和图示内容，熟悉建筑详图的绘制方法；
（2）熟悉建筑详图绘制所需的基本绘图和编辑命令；
（3）掌握绘制建筑详图的一般步骤。

能力目标：培养学生能够快速的绘制建筑详图。

（1）能够按要求设置图层，包括图层名、颜色、线型、线宽等要求；
（2）能够依据建筑详图绘图的一般步骤快速绘制建筑详图；
（3）能够对建筑详图进行完整的尺寸标注；
（4）能够掌握建筑详图的绘制技巧。

素质目标：

（1）培养学生对三维形体与相关位置的空间逻辑思维能力和形象思维能力；
（2）培养学生认真负责的工作态度和严谨细致的工作作风；
（3）培养自学能力，分析问题和解决问题的能力。

8.1 绘图任务剖析

8.1.1 任务说明

建筑详图是建筑细部的施工图。一般采用较大的比例，将一些建筑构配件（如门、窗、楼梯等）和建筑剖面节点（如檐口、窗台、散水等）的详细构造、尺寸、做法及施工要求按正投影图的画法详细地表示出来的图样，称为建筑详图。因此，建筑详图是建筑平、立、剖面图的补充。

本章以楼梯详图为例，介绍建筑详图的绘制方法。楼梯详图的绘制是建筑详图绘制的重点。楼梯详图主要包括平面图、剖面图及踏步、栏杆扶手详图等，通常绘制在同一张图纸中，单独出图。楼梯平面图和剖面图的比例要求一致，以便对照阅读，踏步和栏杆扶手详图的比例相对大一些，以便详细表达该部分的构造情况。

8.1.2 任务要求与绘图要求

（1）任务要求：用 AutoCAD 绘制楼梯详图，如图 8-1 所示。该图为某公寓楼的楼梯详图。

（2）绘图要求：绘图比例为1∶1，出图比例为1∶100，字体采用仿宋体。

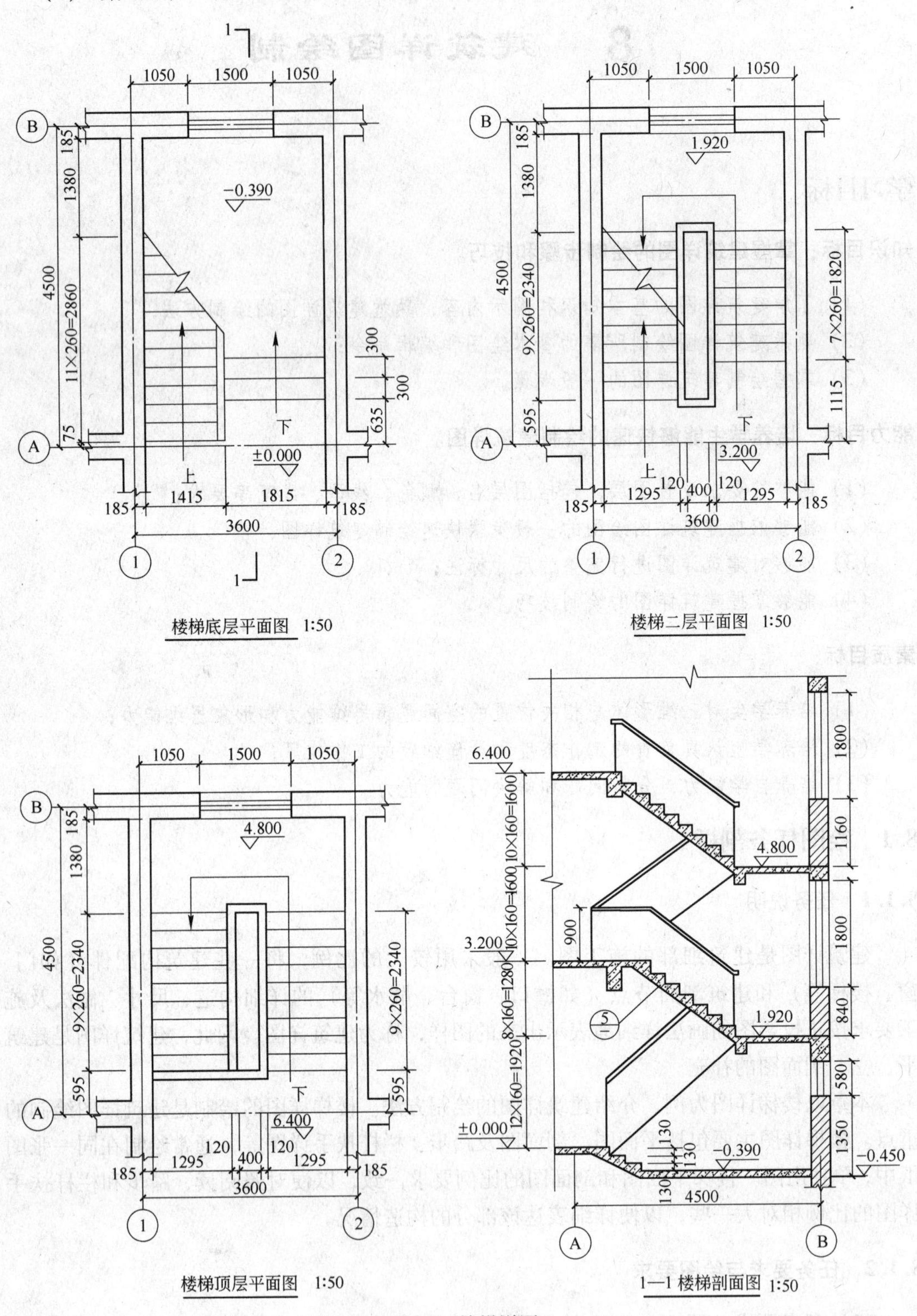

图 8-1　楼梯详图

8.1.3 绘制楼梯详图的一般步骤

8.1.3.1 楼梯平面图的绘制步骤

（1）确定绘图比例。
（2）设置所需图层。
（3）绘制楼梯平面图的轴线。
（4）绘制被剖切墙体和柱子断面的轮廓线。
（5）绘制踏步面、平台板、门窗洞口、折断线和上下行线等。
（6）标注尺寸、标高。
（7）注写图名、比例，在底层平面图中绘制剖切符号。.

8.1.3.2 楼梯剖面图的绘制步骤

（1）绘制楼梯剖面图的轴线。
（2）绘制墙体、门窗、平台、梯段、屋面等。
（3）绘制剖切到的墙断面、梯段断面和平台断面等断面轮廓线。
（4）填充材料图例。
（5）标注尺寸、标高。
（6）注写图名、比例。

8.2 绘图命令回顾

8.2.1 设置绘图环境

（1）设置图形界限。
（2）隐藏 UCS 图标。
（3）设置鼠标右键和拾取框。
（4）设置对象捕捉。
（5）设置图层。

8.2.2 基本绘图命令

（1）直线命令——绘制定位轴线、门窗洞口、踏步面线、标高符号、折断线和上下行线等。
（2）圆命令——轴号编注。
（3）多线命令——绘制双线墙、窗。
（4）构造线命令——踏步面等分线。
（5）多段线命令——墙体、梯段板、平台板和楼板。
（6）矩形命令——图框。
（7）图案填充命令——钢筋混凝土、砖墙。

8.2.3 编辑命令

（1）偏移命令——绘制定位轴线、踏步面线。

（2）修剪命令——整理墙线、踏步面线、门窗洞口。

（3）移动、复制命令——踏步面线。

8.3 建筑详图绘图步骤

如图 8-1 所示，某公寓楼的楼梯详图，其制作步骤如下：

（1）创建下列图层，设置“轴线”图层作为当前图层。

名称	颜色	线型	线宽
轴线	红色	Center	默认
墙体及剖切处轮廓线	白色	Continuous	0.7
其他	白色	Continuous	0.35
尺寸标注	绿色	Continuous	默认

（2）绘制定位轴线。按照图 8-1 所示尺寸，利用“直线”、“偏移”和“圆”命令，绘制楼梯底层平面图的轴线，并进行轴线编号，结果如图 8-2 所示。

（3）绘制墙体。设置“墙体及剖切处轮廓线”图层作为当前图层。使用“多线”命令，设置对正样式为“无”，比例为“1”，绘制墙体部分。

（4）绘制门窗洞口、踏步面线、折断线。设置“其他”图层为当前图层，此处可利用“偏移”和“修剪”命令进行绘制，如图 8-3 所示。

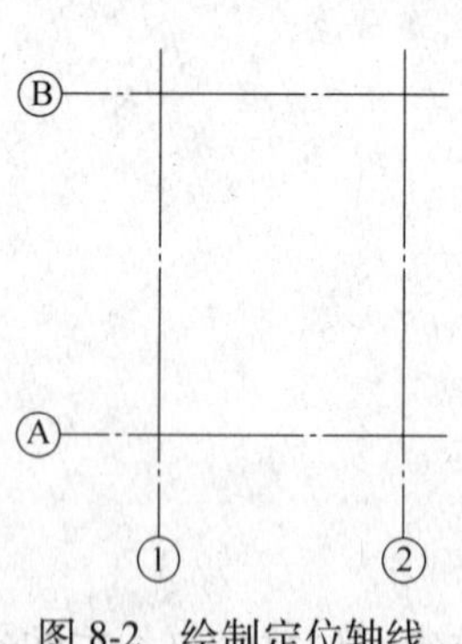

图 8-2 绘制定位轴线

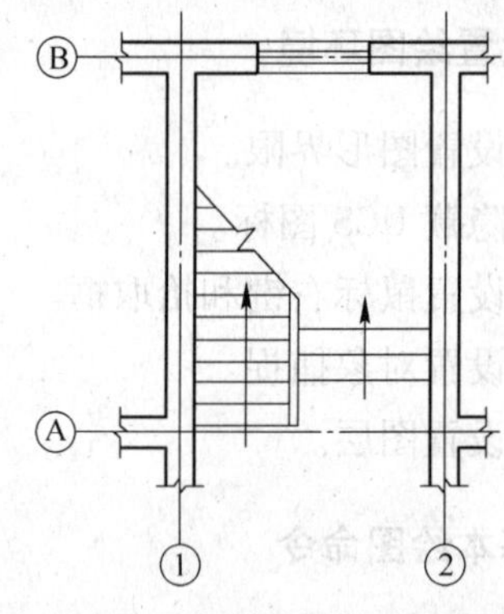

图 8-3 绘制楼梯平面图

（5）标注尺寸、标高。在到“尺寸标注”图层标注尺寸，在“其他”图层绘制标高符号。在“墙体及剖切处轮廓线”图层绘制剖切符号。

（6）注写文字说明、图名、比例。完成楼梯底层平面图绘制，如图 8-4 所示。

（7）绘制楼梯二层平面图。复制整个楼梯底层平面图到绘图区的空白位置，利用“绘图”和“修改”命令，按照图 8-1 楼梯二层平面图的布置和尺寸，对楼梯底层平面图的副本重新编辑。编辑时注意梯段的踏步和梯井的变化及起始位置，并重新标注尺寸和标高，结果如图 8-1 所示。

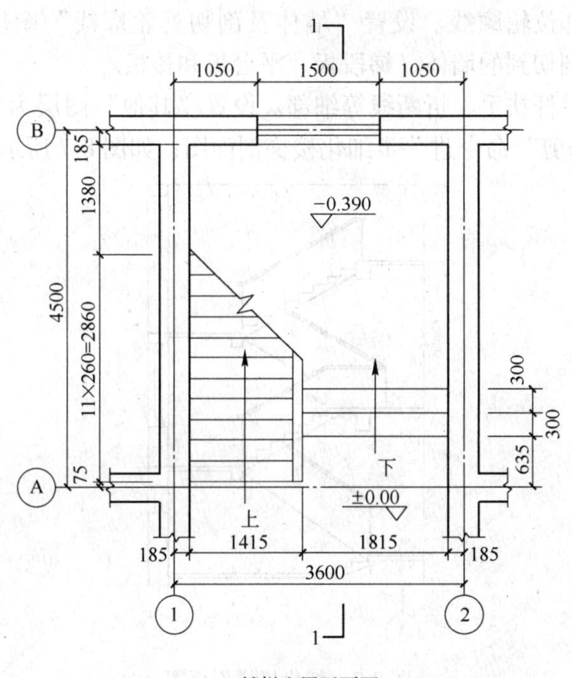

图 8-4 楼梯底层平面图

（8）绘制楼梯顶层平面图。其方法同楼梯二层平面图绘制一样，注意顶层平台板处的变化。

（9）绘制楼梯剖面图。绘制楼梯剖面图定位轴线，如图 8-5 所示。

（10）绘制楼梯踏步的雏形。先根据标高，利用“直线”、“偏移”、“修剪”等命令绘制出各层楼面线和休息平台位置的水平线，然后根据各层平面图上梯段的起点和终点确定梯段踏步的起点和终点，应用“绘图点定数等分”命令、“构造线”命令绘制踏步面等分线，结果如图 8-6 所示。

图 8-5 楼梯剖面图定位轴线

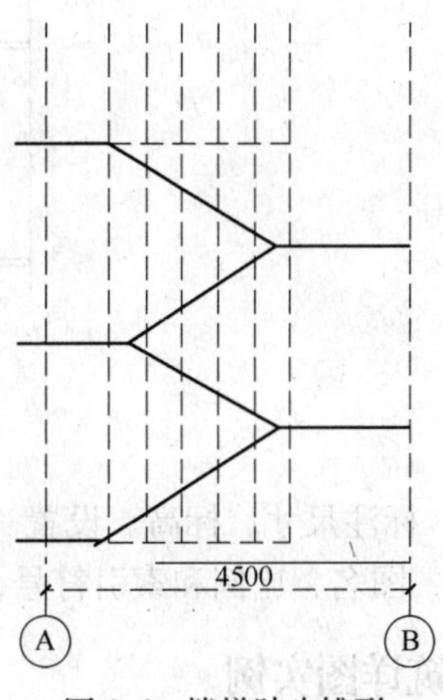

图 8-6 楼梯踏步雏形

（11）绘制剖切部位轮廓线。设置“墙体及剖切处轮廓线”图层为当前图层。使用“多段线”命令绘制剖切到的墙体、梯段板、平台板和楼板。

（12）绘制窗、栏杆扶手、折断线等细部。设置“其他”图层为当前图层。利用“直线”、“偏移”和“修剪”命令进一步细化楼梯剖面图，如图 8-7 所示。

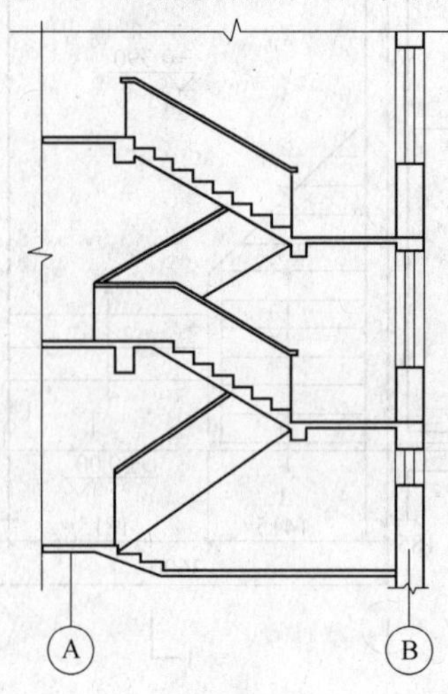

图 8-7　细化楼梯剖面图

（13）填充钢筋混凝土和砖墙图例。钢筋混凝土填充：点击“图案填充”命令，弹出“图案填充和渐变色”对话框，在“图案填充”选项卡的“类型和图案”选项组中设置“类型”为“预定义”，“图案”为 AR-CONC，“比例”为 2.5。砖墙部分填充：设置“类型”为“用户定义”，“角度”为 45°，“间距”为 250，进行填充。如图 8-8 所示。

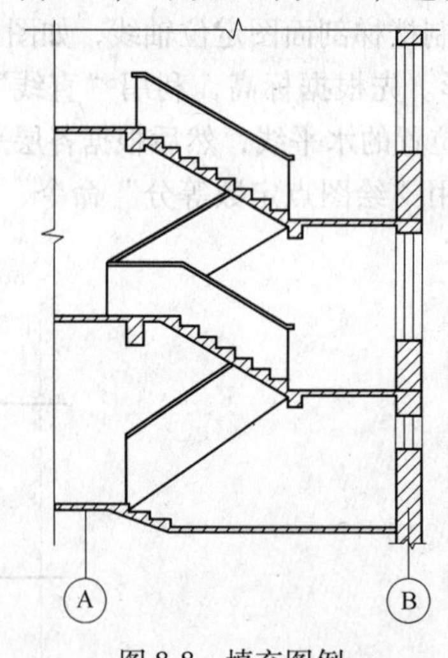

图 8-8　填充图例

（14）标注尺寸、标高。设置“尺寸标注”图层为当前图层。标注尺寸、标高，注写说明文字、图名、比例和索引符号，完成楼梯剖面图的绘制。

8.4　建筑详图实例

绘制某建筑楼梯标准层平面图及楼梯剖面图，如图 8-9 所示。

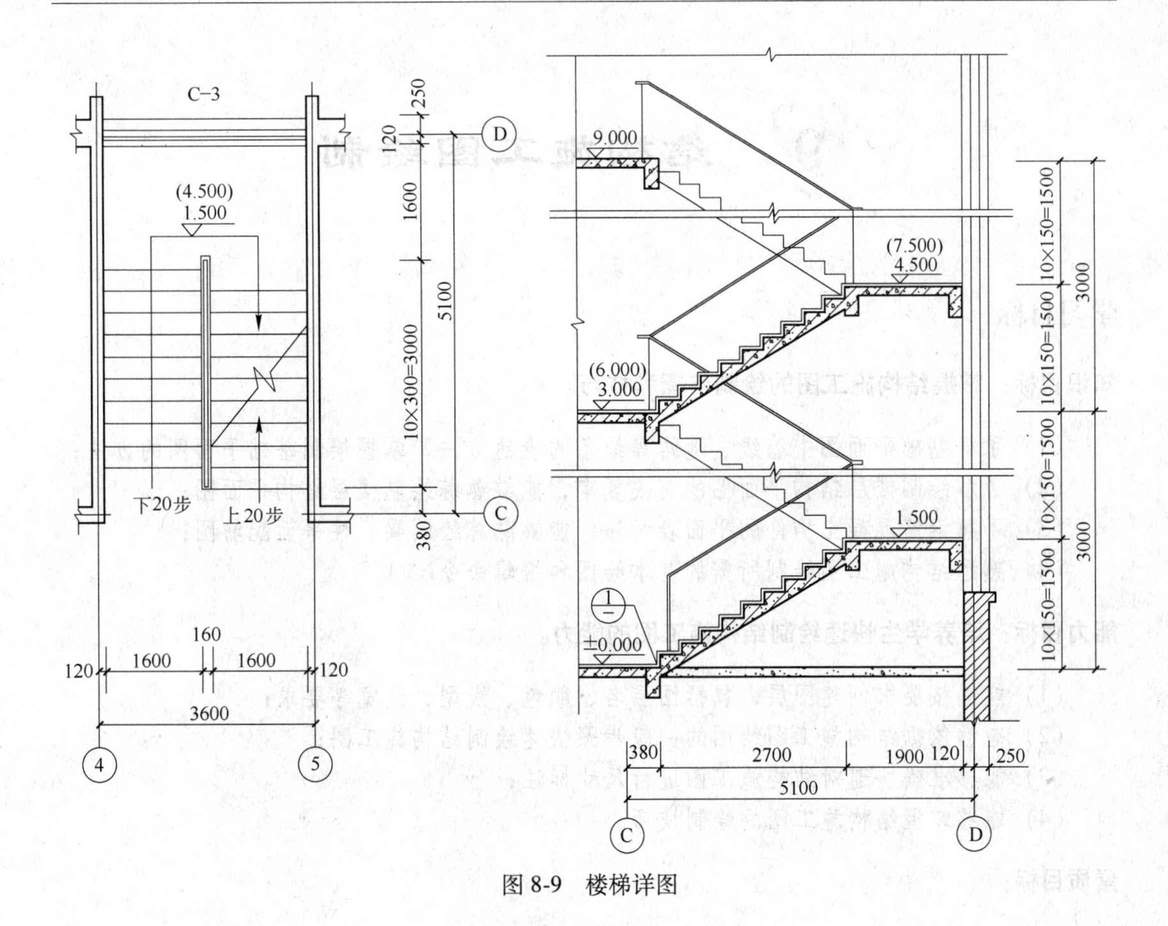

图 8-9 楼梯详图

思考与能力训练题

8-1 什么是建筑详图?

8-2 建筑详图基本绘图步骤和方法是什么?

8-3 从建筑详图上可以得到哪些信息?

8-4 绘制建筑详图常用的绘图及编辑命令有哪些?

9 结构施工图绘制

学习目标

知识目标：掌握结构施工图的绘制步骤和技巧。

（1）了解基础平面图中墙线、地沟等线条的表达方法，掌握绘制基础平面图的方法；
（2）了解绘制楼层结构平面图的有关规定，能够熟练绘制楼层结构平面图；
（3）了解钢筋混凝土构件的平面表示法，能够熟练绘制梁、柱平面配筋图；
（4）熟悉结构施工图绘制所需的基本绘图和编辑命令。

能力目标：培养学生快速绘制结构施工图的能力。

（1）能够按要求创建图层，包括图层名、颜色、线型、线宽等要求；
（2）能够依据结构施工图绘图的一般步骤快速绘制结构施工图；
（3）能够准确快速对结构施工图进行尺寸标注；
（4）能够掌握结构施工图的绘制技巧。

素质目标：

（1）培养学生养成好学、进取、惜时的习惯；
（2）培养学生勤于思考，做事讲究技巧，善于解决问题的能力。

9.1 绘制基础平面图

9.1.1 任务说明

基础平面图是假想用一个水平方向的剖切面，在建筑的室内地面与基础交接处切开，将建筑地面以上的部分移走，余下部分向下作投影，这样得到的水平剖面图。基础平面图主要内容包括基础的平面位置，基础与墙、柱的定位轴线关系，基础底部的宽度，基础上预留的孔洞、构件和管道的位置等。

9.1.2 任务要求与绘图要求

（1）任务要求：用 AutoCAD 绘制建筑基础平面图，如图 9-1 所示。该图为某公寓楼的基础平面图。

（2）绘图要求：绘图比例为 1∶1，出图比例为 1∶100，字体采用仿宋体。

9.1.3 绘制基础平面图的一般步骤

（1）打开图层管理器，创建所需图层。

（2）绘制图形。依次绘制轴线、轴线两侧的基础墙线和最外侧基础边线。

（3）绘制剖切符号并注写编号。不同位置处基础的形状、尺寸、埋深及轴线的相对位置不一样，需要分别绘制相应的断面图，并且在基础平面图中的对应处标注剖切符号。

（4）尺寸标注及对各轴线进行编号。

（5）根据需要打印输出图纸。

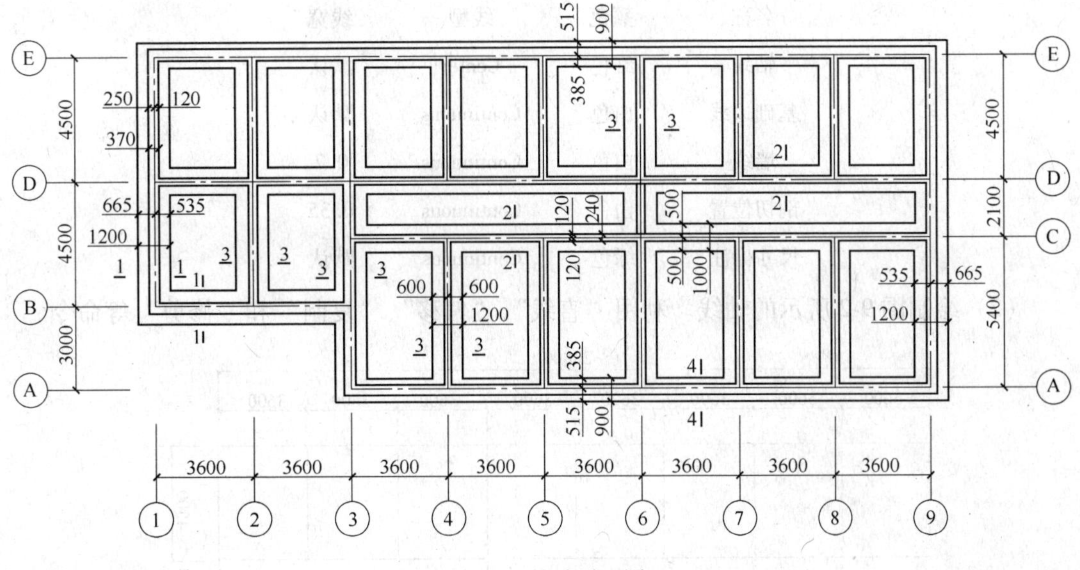

图 9-1 基础平面图

9.1.4 绘图命令回顾

（1）设置绘图环境：

1）设置图形界限；

2）隐藏 UCS 图标；

3）设置鼠标右键和拾取框；

4）设置对象捕捉；

5）设置图层。

（2）基本绘图命令：

1）直线命令——绘制定位轴线；

2）圆命令——轴号编注；

3）多线命令——绘制双线墙；

4）构造线命令——内侧基础线。

（3）编辑命令：

1）偏移命令——绘制定位轴线、最外侧基础边线；

2）修剪命令——绘制定位轴线、整理墙线；

3）移动、复制命令——绘制定位轴线、内侧基础线；

4）拉长命令——绘制最外侧基础边线。

（4）设置文字样式、标注样式、多线样式。

9.1.5　基础平面图绘制步骤

如图 9-1 所示，某公寓楼的基础平面图，其制作步骤如下。

（1）打开 AutoCAD，创建下列图层，设置“轴线”图层作为当前图层。

名称	颜色	线型	线宽
轴线	红色	Center	默认
基础边线	白色	Continuous	默认
墙线	白色	Continuous	0.7
剖切位置	白色	Continuous	0.35
尺寸标注	绿色	Continuous	默认

（2）绘制图 9-2 所示的轴线。利用“直线”、“偏移”、“复制”和“修剪”等命令。

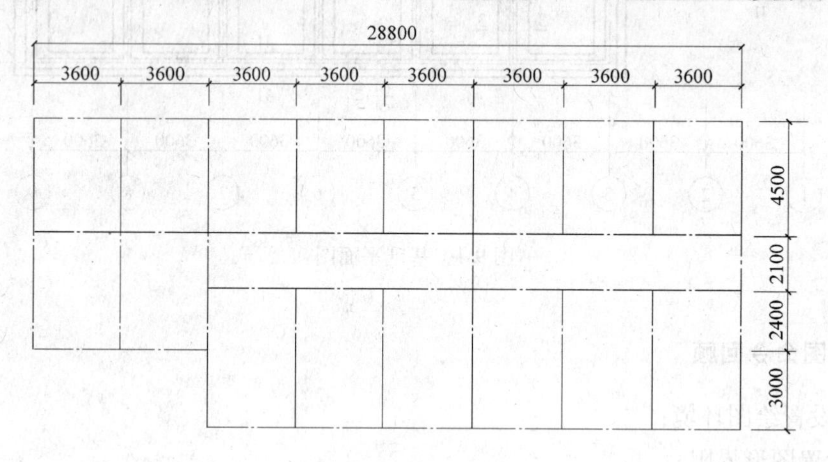

图 9-2　绘制定位轴线

（3）绘制 370 墙体。按表 9-1 内容，利用多线样式依次创建“370 墙体”和“240 墙体”，设置“370 墙体”样式为当前样式；设置“墙线”图层为当前图层，执行“多线”命令，设置对正样式为“无”，比例为“1”，绘制图 9-3 所示的 370 墙体。

表 9-1　370、240 墙体

样式名	封口		图元		
	起点	端点	偏移	颜色	线型
370 墙体	直线	直线	250 −120	ByLayer	ByLayer
240 墙体	直线	直线	120 −120	ByLayer	ByLayer

（4）绘制 240 墙体。设置“240 墙体”多线样式为当前样式，在适当位置绘制 240 墙体。

（5）对 240 墙体各接口处进行编辑。双击任一多线，选择“多线编辑工具”对话框

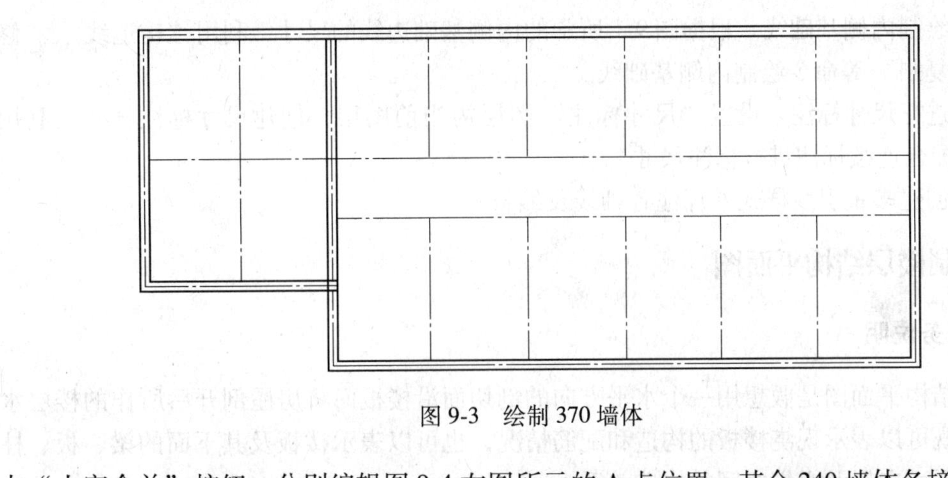

图 9-3　绘制 370 墙体

中“十字合并”按钮，分别编辑图 9-4 左图所示的 A 点位置，其余 240 墙体各接口处进行“T 形合并”编辑，结果见图 9-4 右图。

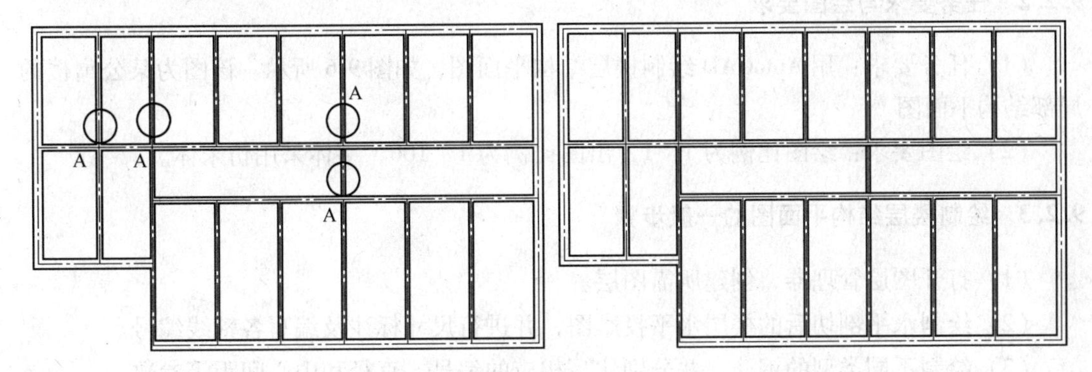

图 9-4　对多线接口进行处理

（6）绘制最外侧基础边线。设置“基础边线”图层为当前图层。根据图 9-1 中最外侧基础边线的尺寸，利用“偏移”、“拉长”、“修剪”等命令绘制最外侧基础边线，结果如图 9-5 所示。

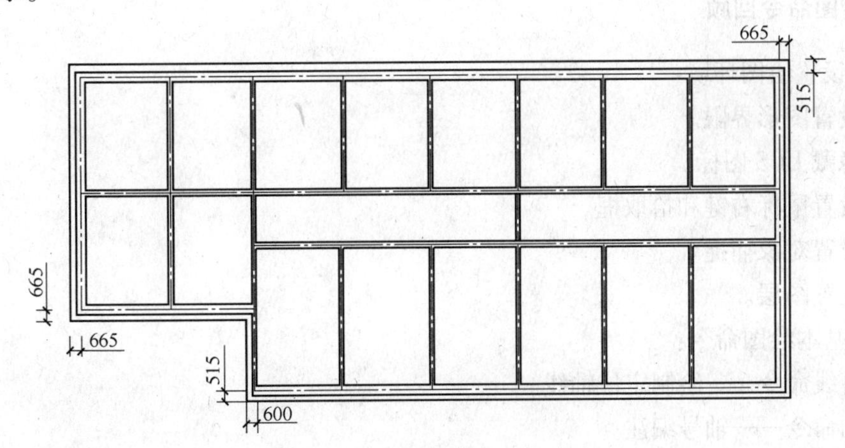

图 9-5　绘制基础轮廓

（7）绘制内侧基础线。根据图9-1所示的内侧基础边线的尺寸，利用“构造线”、“修剪”和“复制”等命令绘制内侧基础线。

（8）进行尺寸标注。设置“尺寸标注”图层为当前图层，创建尺寸标注样式，利用线性标注配合连续标注进行标注尺寸。

（9）创建多重引线样式并标注各轴线及编号。

9.2　绘制楼层结构平面图

9.2.1　任务说明

楼层结构平面图是假想用一个水平方向的剖切面沿楼板面将房屋剖开后所作的楼层水平投影，既可以表示现浇楼板的构造和配筋情况，也可以表示楼板及其下面的梁、板、柱和墙等的平面布置及它们之间的构造关系。

9.2.2　任务要求与绘图要求

（1）任务要求：用AutoCAD绘制楼层结构平面图，如图9-6所示。该图为某公寓楼的局部结构平面图。

（2）绘图要求：绘图比例为1∶1，出图比例为1∶100，字体采用仿宋体。

9.2.3　绘制楼层结构平面图的一般步骤

（1）打开图层管理器，创建所需图层。

（2）绘制水平剖切后的楼层水平投影图，并进行尺寸标注及编写各轴线编号。

（3）绘制不同类型的钢筋，并分别注写相应的编号、直径和中心间距等参数。

（4）将绘制的钢筋复制到楼层水平投影图相应位置，并修改其长度尺寸、编号、直径和中心间距等参数。

（5）检查钢筋的位置及编号，确认无误后根据需要打印输出图纸。

9.2.4　绘图命令回顾

（1）设置绘图环境：

1）设置图形界限。

2）隐藏UCS图标。

3）设置鼠标右键和拾取框。

4）设置对象捕捉。

5）设置图层。

（2）基本绘图命令：

1）直线命令——绘制定位轴线。

2）圆命令——轴号编注。

3）多线命令——绘制双线墙。

4）多段线命令——钢筋。

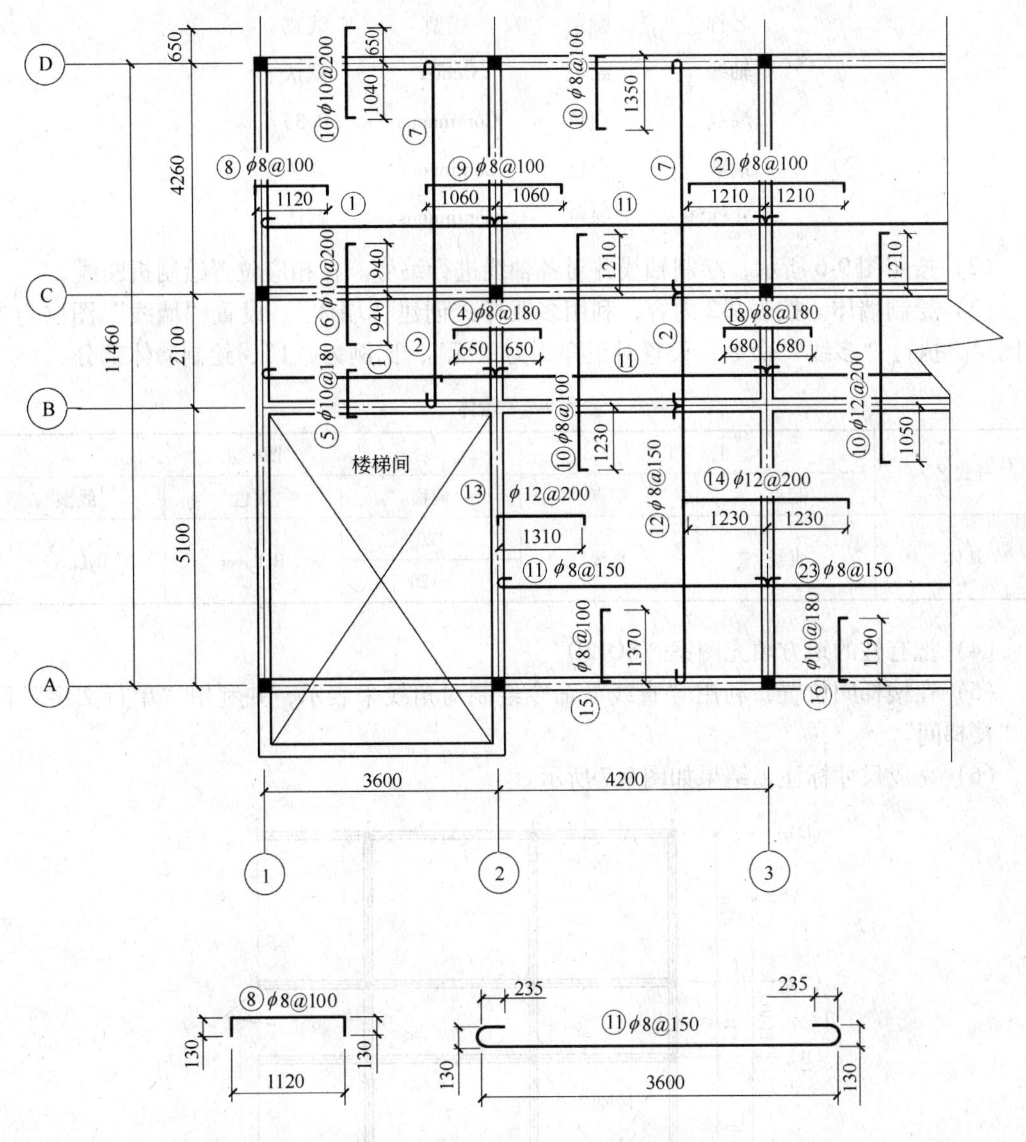

图 9-6　某公寓楼的局部结构平面图

（3）编辑命令：

1）偏移、修剪命令——绘制定位轴线、整理墙线。

2）移动、复制命令——绘制定位轴线、钢筋。

3）旋转、拉伸命令——钢筋。

4）填充图案命令——绘制柱。

（4）设置文字样式、标注样式、多线样式。

9.2.5　楼层结构平面图

如图 9-6 所示，其绘制步骤如下（局部）：

（1）打开 AutoCAD，创建下列图层。设置“轴线”图层作为当前图层。

名称	颜色	线型	线宽
轴线	红色	Center	默认
墙线	白色	Continuous	0.35
钢筋	白色	Continuous	0.7
尺寸标注	绿色	Continuous	默认

（2）按照图9-6所示，绘制轴线并对各轴线进行编号。在相应位置绘制折断线。

（3）绘制墙体。按表9-2内容，利用多线样式创建“墙体”。设置“墙线”图层为当前图层，执行“多线”命令，设置对正样式为“无”，比例为“1”，绘制墙体部分。

表9-2　墙体

样式名	封口		图元		
	起点	端点	偏移	颜色	线型
墙体	直线	直线	120	ByLayer	ByLayer
			-120		

（4）把有柱的地方填充图案“SOLID”。

（5）在楼梯间位置，利用“直线”命令绘制对角线来表示，并利用“单行文字”注写“楼梯间”。

（6）完成尺寸标注，结果如图9-7所示。

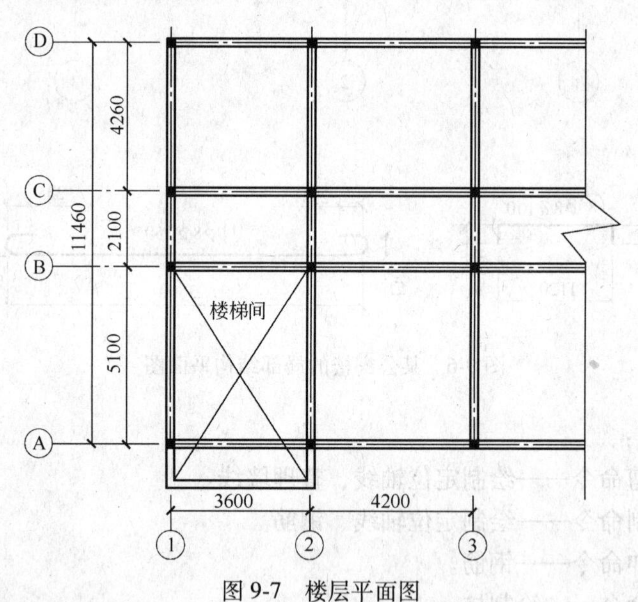

图9-7　楼层平面图

（7）绘制不同类型的钢筋。将“钢筋”图层设置为当前图层，在绘图区的空白位置利用“多段线”命令分别绘制图9-6中所示的两种钢筋。

（8）注写钢筋编号并将其设置成带属性的块。将“尺寸标注”图层设为当前图层，打开属性定义对话框，按图9-8所示设置注写属性文字，以此文字的中间位置为圆心，绘制半径为250的圆，将该图形制作成属性块并保存，以备后用。

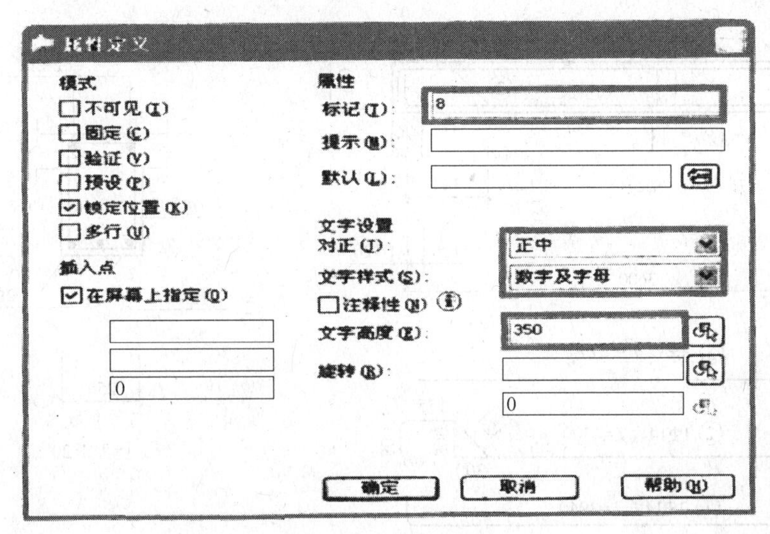

图 9-8 设置属性文字

(9) 注写钢筋直径和中心间距等参数。执行“单行文字”命令，参照图 9-6 下图所示，为上一步创建成属性块的钢筋相应参数。

(10) 将钢筋复制到对应位置。根据图 9-6 上图各钢筋的位置及参数，应用“移动”、“复制”和“旋转”等命令将钢筋放到适当的位置。

(11) 修改钢筋的尺寸及参数。用“拉伸”命令修改钢筋的尺寸；双击属性块，修改其编号；双击单行文字，修改其直径和中心间距等参数。

9.3 绘制钢筋混凝土构件详图

9.3.1 任务说明

钢筋混凝土构件详图主要包括模板图、配筋图、预埋件详图，用来表达构件内部的钢筋配置、数量、形状和规格等，是钢筋下料、翻样、制作、绑扎等的依据。本小节将以钢筋混凝土梁的结构详图为例来学习绘制钢筋混凝土构件详图的方法及相关知识。

梁配筋图一般分为立面图、断面图和钢筋详图。图示内容主要表明构件的长度、断面形状、尺寸以及钢筋形式及配置情况，也表示模板尺寸，预留孔洞及预埋件的大小和位置，以及轴线和标高。

梁配筋图中的立面图，是假想构件为一透明体而画出的纵向正投影图。主要表明钢筋的立面形状及其上下排列的情况。

梁配筋图中的断面图，是构件的横向剖切投影图，表示出钢筋的相对位置的排列、箍筋的形状及与其他钢筋的连接关系。

9.3.2 任务要求与绘图要求

(1) 任务要求：用 AutoCAD 绘制钢筋混凝土梁的结构详图，如图 9-9 所示。

(2) 绘图要求：绘图比例为 1 : 1，出图比例为 1 : 100，字体采用仿宋体。

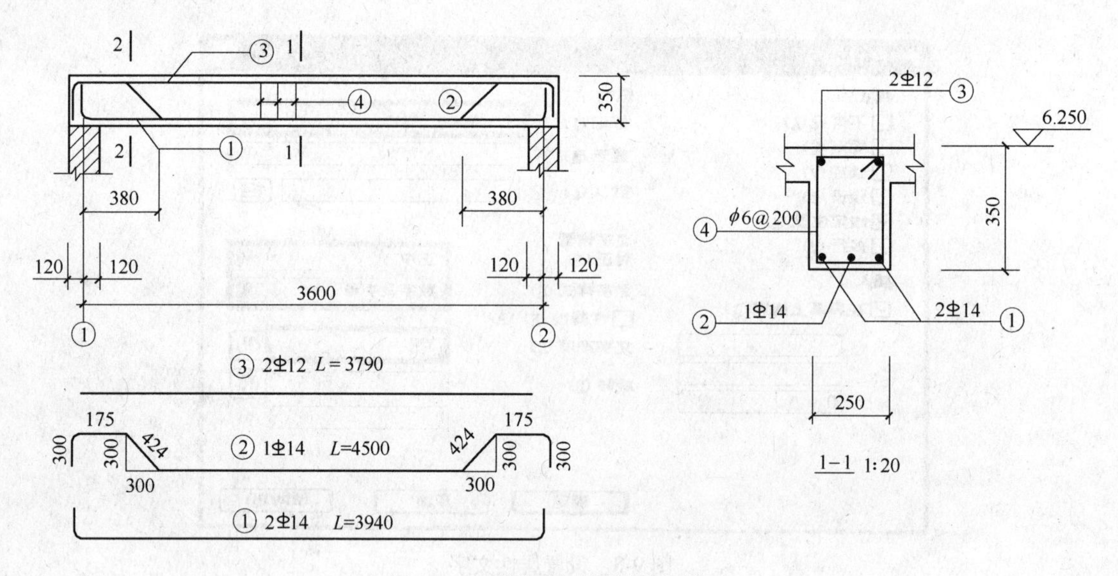

图 9-9　钢筋混凝土梁的结构详图

9.3.3　绘制钢筋混凝土梁的结构详图的一般步骤

（1）打开图层管理器，创建所需图层。

（2）绘制构件的外形轮廓线。

（3）绘制钢筋，并将钢筋复制到相应的位置。

（4）绘制断面图中钢筋断面的圆点。

（5）注写钢筋的编号、尺寸等。

（6）检查图形，根据需要打印图纸。

9.3.4　绘图命令回顾

（1）设置绘图环境：

1）设置图形界限。

2）隐藏 UCS 图标。

3）设置鼠标右键和拾取框。

4）设置对象捕捉。

5）设置图层。

（2）基本绘图命令：

1）直线命令——绘制定位轴线、墙线及梁外形轮廓线。

2）圆命令——轴号、钢筋编号编注。

3）多段线、圆环命令——钢筋。

（3）编辑命令：

1）偏移命令——绘制定位轴线。

2）修剪命令——绘制定位轴线、钢筋。

3）镜像命令——梁立面轴线、外形轮廓线及折断线。

4）移动、复制命令——绘制定位轴线、钢筋。

5）填充图案命令——绘制墙。

（4）设置文字样式、标注样式、多线样式。

9.3.5 钢筋混凝土梁的结构详图

如图 9-9 所示，其绘制步骤如下：

（1）打开 AutoCAD，创建下列图层。

名称	颜色	线型	线宽
轴线	红色	Center	默认
墙线及梁外轮廓线	白色	Continuous	默认
钢筋	白色	Continuous	0.7
尺寸标注	绿色	Continuous	默认

（2）先绘制断面图。设置“墙线及梁外形轮廓线”图层为当前图层。利用“直线”命令绘制梁断面外形轮廓线及折断线，如图 9-10 所示。

（3）绘制钢筋。设置“钢筋”图层为当前图层。利用“多段线”命令绘制，依据箍筋配置情况，将箍筋按尺寸绘制在安放位置上，接着用“圆环”命令绘制弯钩部分和其余钢筋（圆点），对不符合要求部分利用“修剪”命令进行完善，如图 9-11 所示。

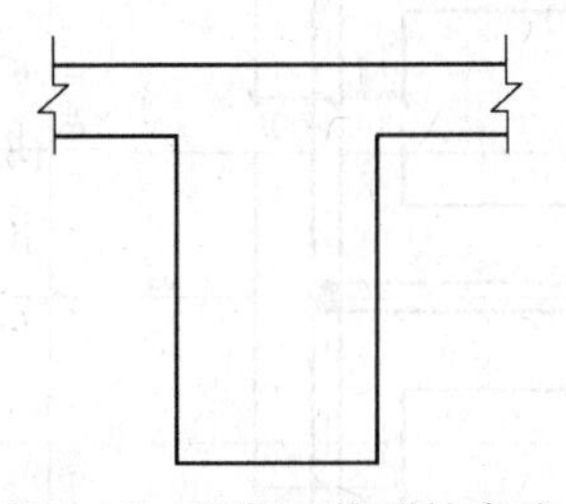

图 9-10 梁断面外形轮廓线

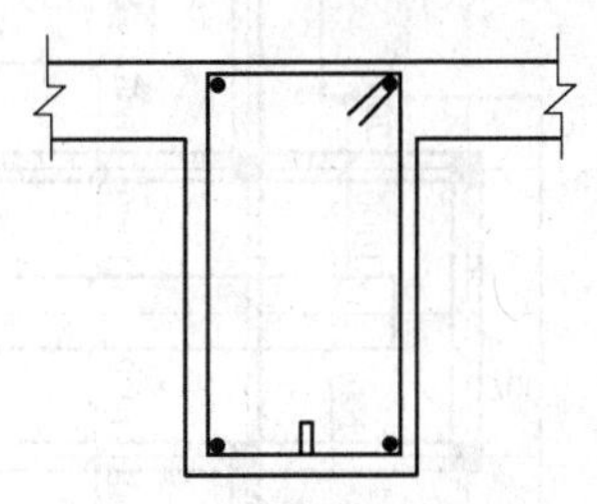

图 9-11 梁断面钢筋

（4）注写钢筋的编号、尺寸等。设置“尺寸标注”图层为当前图层，进行尺寸标注样式设置并标注相关尺寸。按照图 9-9 所示利用“直线”、“圆”和“单行文字”命令标注图中钢筋的编号，完成梁断面图绘制。

（5）绘制钢筋详图。设置“钢筋”图层为当前图层，应用“多段线”命令，根据图 9-9 中各钢筋的形状和尺寸在绘图区的空白位置绘制钢筋详图，并为各钢筋注写编号，如图 9-12 所示。

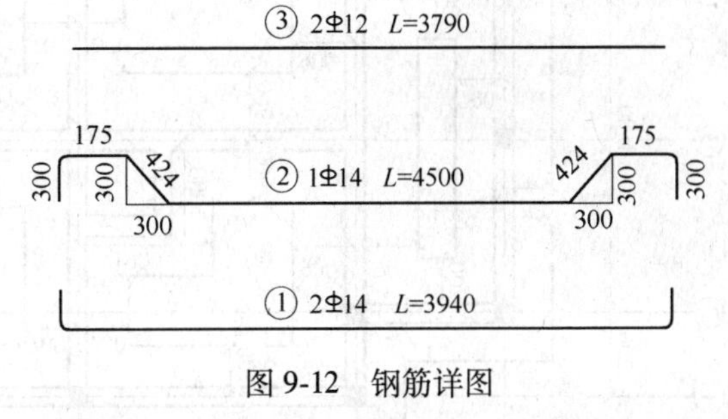

图 9-12 钢筋详图

（6）绘制梁立面图。利用“直线”、“偏移”、“镜像”命令绘制梁立面轴线、外形轮廓线及折断线。

（7）绘制梁立面图钢筋。按照图 9-9 中钢筋的位置，利用“复制”、“移动”命令将所绘制的钢筋复制到梁立面图的相应位置。

（8）绘制梁立面图箍筋。按照图 9-9 中箍筋的位置，应用“多段线”命令绘制梁立面图箍筋。

(9) 根据图 9-9 要求，填充墙体。

(10) 注写尺寸并完成轴线和钢筋的编号等。

9.4　结构施工图实例

(1) 绘制如图 9-13 所示的某公寓的基础平面图。

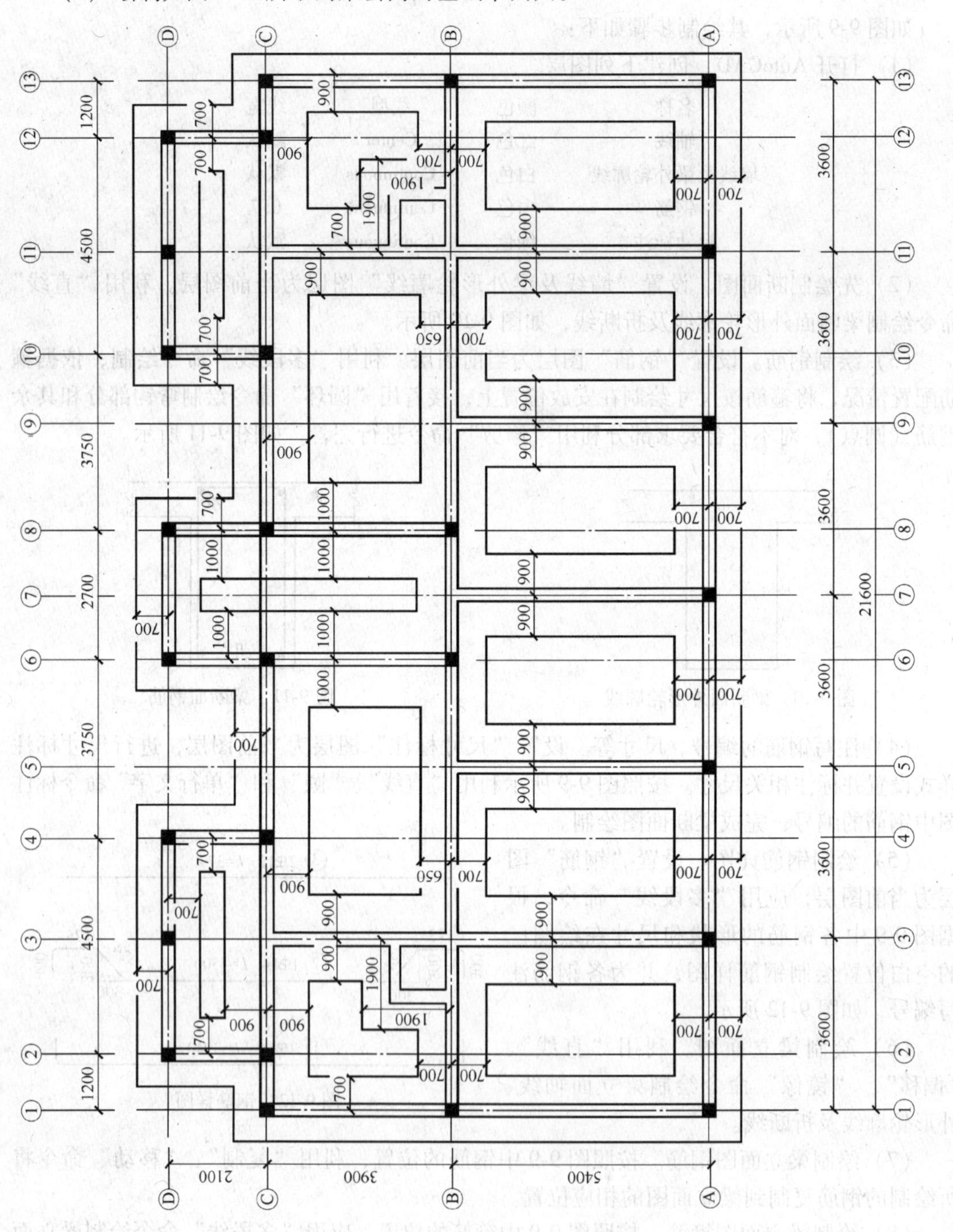

图 9-13　某公寓的基础平面图

（2）绘制楼层结构平面图，如图 9-14 所示。

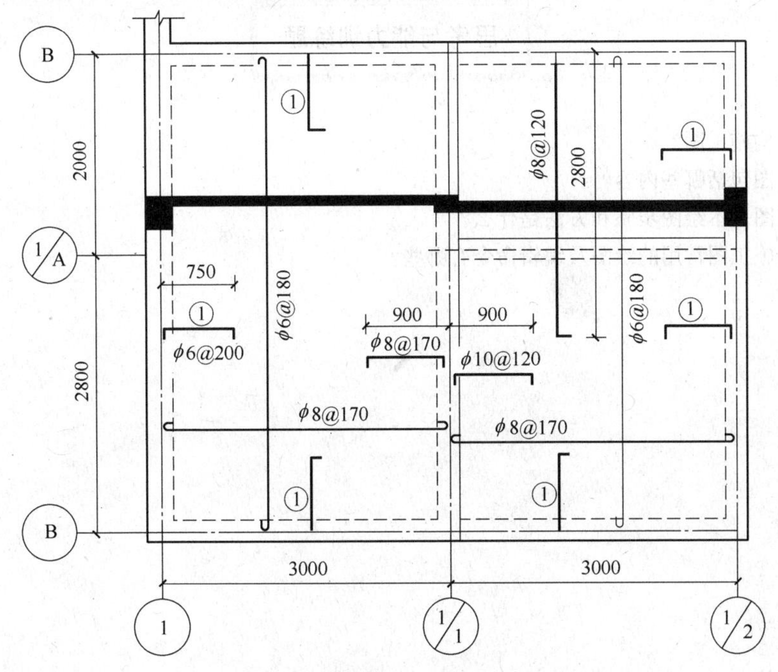

图 9-14 楼层结构平面图（局部）

（3）绘制钢筋混凝土梁结构图，如图 9-15 所示。

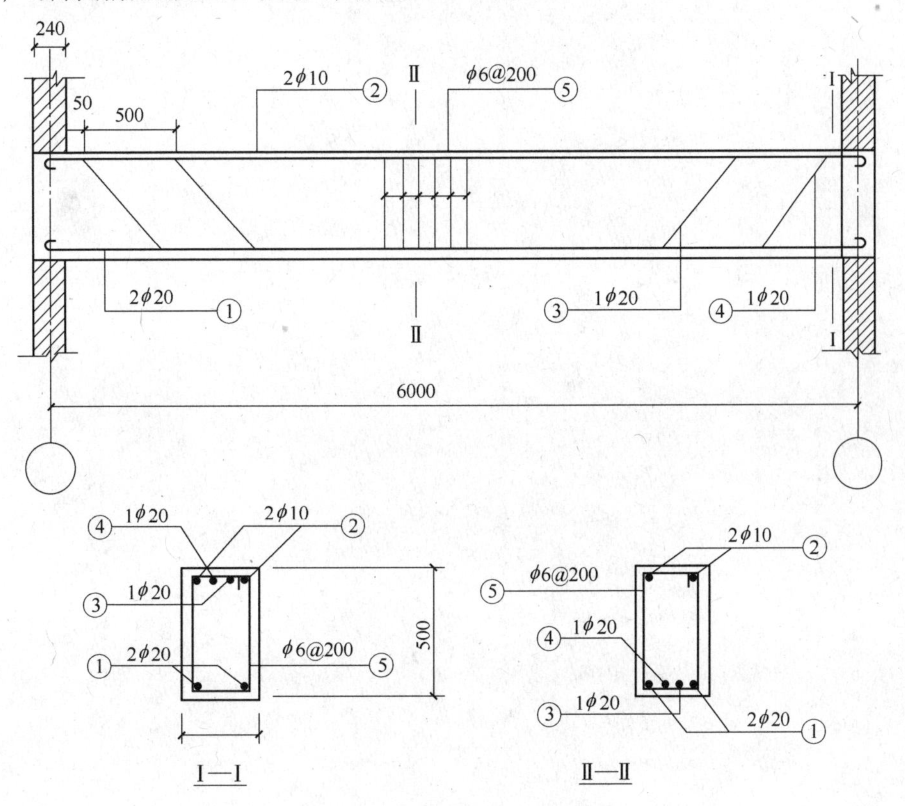

图 9-15 钢筋混凝土梁结构图

思考与能力训练题

9-1　什么是结构施工图？

9-2　结构施工图包括哪些内容？

9-3　结构施工图基本绘图步骤和方法是什么？

9-4　绘制结构施工图常用的绘图及编辑命令有哪些？

全国 CAD 技能等级考试问题解析

学习目标

知识目标：掌握 AutoCAD 绘图软件的绘图命令及使用技巧。

（1）掌握文件保存、建立图层、绘制图幅、标题栏的操作方法；
（2）掌握简单平面图绘制及尺寸标注方法；
（3）掌握抄绘组合体三面投影图及补画剖面图的方法；
（4）掌握建筑平、立、剖面图的绘制方法和技巧。

能力目标：培养学生能够快速地绘制建筑图样，能够通过全国 CAD 技能等级考试。

（1）能够按要求对文件进行保存和设置图层；
（2）能够快速绘制图幅、标题栏、平面图形；
（3）能够抄绘组合体三面投影图，且能够补画剖面图；
（4）能够快速绘制建筑平、立、剖面图，并标注完整的尺寸。

素质目标：

（1）培养学生诚恳、虚心、勤奋好学的学习态度和科学严谨、实事求是的工作作风；
（2）培养学生树立质量意识、安全意识、标准和规范意识以满足专业岗位的要求；
（3）做事注意技巧掌握，适应考试要求，突出解决问题的能力。

全国 CAD 技能等级考试大纲（一级）

计算机辅助设计（CAD）技术推动了产品设计和工程设计的革命，受到了极大重视并正在被广泛地推广应用。计算机绘图与三维建模作为一种新的工作技能，有着强烈的社会需求，正在成为我国就业中的新亮点。在此背景下，中国工程图学学会联合国际几何与图学学会，本着更好地服务于社会的宗旨，开展“CAD 技能等级”培训与考评工作。为了对该技能培训提供科学、规范的依据，组织了国内外有关专家，制定了《CAD 技能等级考评大纲》（以下简称《大纲》）。

（1）本《大纲》以现阶段 CAD 技能从业人员所需水平和要求为目标，在充分考虑经济发展、科技进步和产业结构变化影响的基础上，对 CAD 技能的工作范围、技能要求和知识水平作了明确规定。

（2）本《大纲》的制定参照了有关技术规程的要求，既保证了《大纲》体系的规范化，又体现了以就业活动为导向、以就业技能为核心的特点，同时也使其具有根据科技发展进行调整的灵活性和实用性，符合培训、鉴定和就业工作的需要。

（3）本《大纲》将CAD技能分为三级，一级为二维计算机绘图；二级为三维几何建模；三级为复杂三维模型制作与处理。根据工作对象的不同，每一级分为两种类型，即“工业产品类”和“土木与建筑类”。CAD技能一级相当于计算机绘图师的水平；二级相当于三维数字建模师的水平；三级相当于高级三维数字建模师的水平。《大纲》内容包括技能概况、基本知识要求、考评要求和考评内容比重表四个部分。

（4）本《大纲》是在各有关专家和实际工作者的共同努力下完成的。

10.1 技能概况

10.1.1 技能名称

计算机绘图与三维建模技能，简称CAD技能。

10.1.2 技能定义

CAD技能是指使用计算机通过操作CAD软件，能将工程或产品设计中产生的各种图样，制作成可用于设计和后续应用所需的二维工程图样、三维几何模型和其他有关的图形、模型和文档的能力。

10.1.3 技能等级

本技能共设三个等级，分别为一级（二维计算机绘图）、二级（三维几何建模）、三级（复杂三维模型制作与处理）。凡通过一级考评者，获得计算机绘图师证书；通过二级考评者，获得三维数字建模师证书；通过三级考评者，获得高级三维数字建模师证书。

10.1.4 基本文化程度

具有高中或高中以上学历（或其同等学力）。

10.1.5 培训要求

（1）培训时间：

全日制学校教育，根据其培养目标和教学计划确定。

（2）培训教师：

培训CAD技能等级的教师应持有师资证。

（3）培训场地与设备：

计算机及三维CAD软件；投影仪；采光、照明良好的房间。

10.1.6 考评要求

（1）适用对象：需要具备本技能的人员。

（2）申报条件：CAD技能一级（具备以下条件之一者可申报本级别）。

1）达到本技能一级所推荐的培训时间；

2）连续从事CAD二维绘图工作2年以上者；

3）取得制图员中级职业证书者。

（3）考评方法：采用现场技能操作方式，成绩达到60分以上（含60分）者为合格。

（4）考评人员与考生配比：考评员与考生配比为1∶15，且每个考场不少于2名考评员。

（5）考评时间：各等级的考评时间均为180分钟。

（6）考评场地与设备：计算机、三维CAD软件及图形输出设备；采光、照明良好的房间。

10.2　基本知识要求

10.2.1　制图的基本知识

10.2.1.1　投影知识

正投影、轴测投影、透视投影。

10.2.1.2　制图知识

（1）技术制图的国家标准知识（图幅、比例、字体、图线、图样表达、尺寸标注等）。

（2）形体的二维表达方法（视图、剖视图、断面图和局部放大图等）。

（3）标注与注释。

（4）工业产品类或土木与建筑类专业图样的基本知识（例如零件图、装配图、建筑施工图、结构施工图等）。

10.2.2　计算机绘图的基本知识

（1）计算机绘图基本知识。

（2）有关计算机绘图的国家标准知识。

（3）二维图形绘制。

（4）二维图形编辑。

（5）图形显示控制。

（6）辅助绘图工具和图层。

（7）标注、图案填充和注释。

（8）专业图样的绘制知识。

（9）文件管理与数据转换。

10.3　考评要求（节选）

CAD技能一级（计算机绘图）：

（1）工业产品类（一级，见表10-1）。

表10-1　工业产品类CAD技能一级考评表

考评内容	技能要求	相关知识
二维绘图环境设置	新建绘图文件及绘图环境设置	1. 制图国家标准的基本规定（图纸幅面和格式、比例、图线、字体、尺寸标注式样）；2. 绘图软件的基本概念和基本操作（坐标系与绘图单位，绘图环境设置，命令与数据的输入）

续表10-1

考评内容	技能要求	相关知识
二维图形绘制与编辑	平面图形绘制与编辑技能	1. 绘图命令；2. 图形编辑命令；3. 图形元素拾取；4. 图形显示控制命令；5. 辅助绘图工具、图层、图块；6. 图案填充
图形的文字和尺寸标注	图形的文字和尺寸标注技能	1. 国家标准对文字和尺寸标注的基本规定；2. 组合体的尺寸标注；3. 绘图软件文字和尺寸标注的功能及命令（式样设置、标注、编辑）
零件图绘制	零件图绘制技能	1. 形体的二维表达方法；2. 零件的视图选择；3. 文字和尺寸的标注；4. 表面粗糙度、尺寸公差、形状和位置公差的标注；5. 标准件和常用件画法
装配图绘制	装配图绘制技能	1. 装配图的图样画法；2. 装配图视图选择；3. 装配图的标注、零件序号和明细表；4. 计算机拼画二维装配图
图形文件管理	图形文件管理与数据转换技能	1. 图形文件操作命令；2. 图形文件格式及格式转换

（2）土木与建筑类（一级，见表10-2）。

表10-2 土木与建筑类CAD技能一级考评表

考评内容	技能要求	相关知识
二维绘图环境设置	新建绘图文件及绘图环境设置	1. 制图国家标准的基本规定（图纸幅面和格式、比例、图线、字体、尺寸标注式样）；2. 绘图软件的基本概念和基本操作（坐标系与绘图单位，绘图环境设置，命令与数据的输入）
二维图形绘制与编辑	平面图形绘制与编辑技能	1. 绘图命令；2. 图形编辑命令；3. 图形元素拾取；4. 图形显示控制命令；5. 辅助绘图工具、图层、图块；6. 图案填充
图形的文字和尺寸标注	施工图的文字和尺寸标注技能	1. 国家标准对文字和尺寸标注的基本规定；2. 施工图的尺寸标注；3. 绘图软件文字和尺寸标注功能及命令（式样设置、标注、编辑）
建筑施工图绘制	建筑施工图绘制技能（总平面图、平面图、立面图、剖面图、详图）	1. 建筑施工图的表达方法；2. 建筑施工图的标注
结构施工图绘制	结构施工图绘制技能（钢筋混凝土结构平面图、钢结构图、构件图、大样图）	1. 结构施工图的表达方法；2. 结构施工图的标注
图形文件管理	图形文件管理与数据转换技能	1. 图形文件操作命令；2. 图形文件格式及格式转换

注：土木与建筑类CAD技能一级考核的图样为土木与建筑中的部分图样，规定如下：

1. 建筑施工图，例如总平面图、平面图、立面图、剖面图和详图等；

2. 结构施工图，例如钢筋混凝土结构平面图、构件图、大样图等；

3. 不包括房屋设备施工图，例如暖通图、空调和电气设备图，给排水管道的施工图等。

10.4 考评内容比重表

（1）工业产品类（见表 10-3）。

表 10-3 工业产品类 CAD 技能等级考评内容比重表

一 级		二 级		三 级	
考评内容	比重	考评内容	比重	考评内容	比重
二维绘图环境设置	10%	零部件三维建模环境设置	5%	复杂曲面造型	20%
平面图形绘制与编辑	15%	草图设计	10%	零件参数化和变量化设计技术	20%
图形文字和尺寸标注	10%	基于特征的零件造型	25%	模型与场景渲染	20%
零件图绘制	30%	规则曲面造型	10%	动画制作	20%
装配图绘制	30%	三维装配建模	20%	装配仿真与运动仿真	15%
图形文件管理	5%	由三维模型生成二维零件图和二维装配图	25%	图形文件管理	5%
		图形文件管理	5%		

（2）土木与建筑类（见表 10-4）。

表 10-4 土木与建筑类 CAD 技能等级考评内容比重表

一 级		二 级		三 级	
考评内容	比重	考评内容	比重	考评内容	比重
二维绘图环境设置	10%	三维建模环境设置	5%	从以下二项中任选一项： （1）大型复杂土木与建筑物体的三维建模； （2）桥梁、隧道与涵洞的三维建模	40%
二维图形绘制与编辑	15%	基本几何体素的造型	10%	三维地面模型制作	15%
图形文字和尺寸标注	10%	三维建筑物体造型	30%	建筑场景渲染	20%
建筑施工图绘制	30%	建筑曲面造型	10%	建筑动画制作	20%
结构施工图绘制	30%	渲染与效果图	20%	图形文件管理	5%
图形文件管理	5%	后期图像处理	20%		
		图形文件管理	5%		

10.5 文件保存、图层、图幅、标题栏

10.5.1 文件保存

打开绘图软件后，考生在指定位置建立一个新文件，并以考生考号加考生姓名给文件命名（例如：09001 王红 . dwg）。考生所作试题全部存在该文件中。

注解： 主要参照第一章文件管理的知识。

10.5.2　建立图层

按以下规定设置图层及线型。

注解：主要参照第一章图层设置与管理知识。

图层名称	颜色（颜色号）	线型	线宽
粗线	白（7）	Continuous	0.6
中粗线	品红（6）	Continuous	0.4
中线	蓝（5）	Continuous	0.3
细线	绿（3）	Continuous	0.15
虚线	黄（2）	Dashed	0.3
点划线	红（1）	Center	0.15

10.5.3　图幅、标题栏绘制

按 1∶1 比例绘制下图所示上下两个 A2 图幅，如图 10-1 所示，并绘制图框及标题栏。并在指定的区域绘制试题。

要求：图幅、图框及标题栏规格应符合国家制图标准。设置文字样式，在标题栏内填写文字。标题栏尺寸及格式见所给样式，如图 10-2 所示。

注解：主要参照国家制图标准，确定 A2 图幅尺寸，绘制图框及标题栏。主要利用的绘图命令有：直线、偏移、修剪、文字样式设置及文字注释等，可参照第 2~4 章知识。

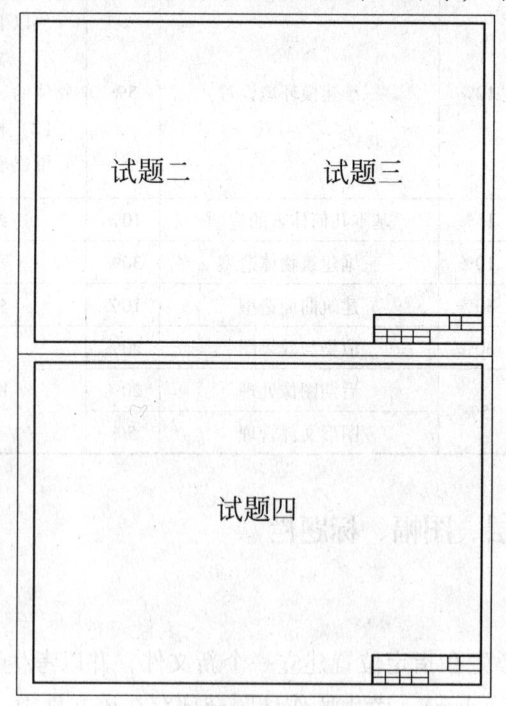

图 10-1　A2 图幅

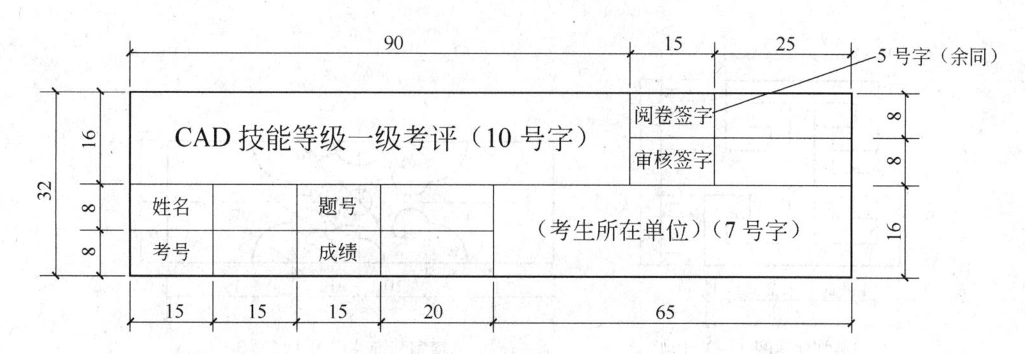

图 10-2 标题栏尺寸及格式要求

10.6 简单平面图绘制及尺寸标注

10.6.1 绘制建筑窗扇立面图并标注尺寸

绘制建筑窗扇立面图并标注尺寸（装饰构件见详图），比例 1∶1。线型要求：窗扇轮廓线为中粗线、窗扇内框线为中线、其余细线，如图 10-3 所示。

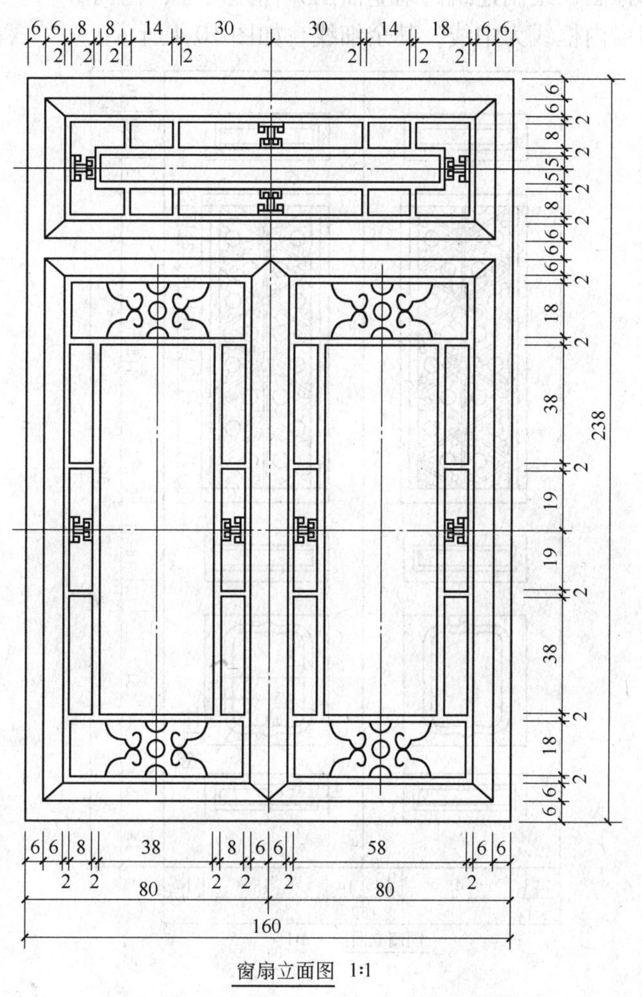

窗扇立面图 1:1

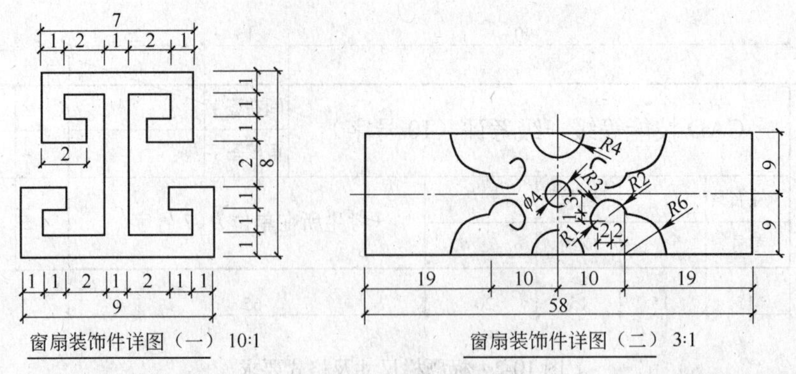

图 10-3　窗扇立面图

注解：这道题考核考生综合利用计算机软件绘图的能力，利用的绘图命令包括：直线、圆、矩形等；编辑命令包括偏移、修剪、镜像、复制、移动、删除等；同时参照第 4 章尺寸标注方法。

10.6.2　绘制建筑门扇立面图并标注尺寸

根据所给局部详图，绘制建筑门扇立面图并标注尺寸，比例 1∶1。线型要求：门扇轮廓线为中粗线、门扇内框线为中线，其余细线，如图 10-4 所示。

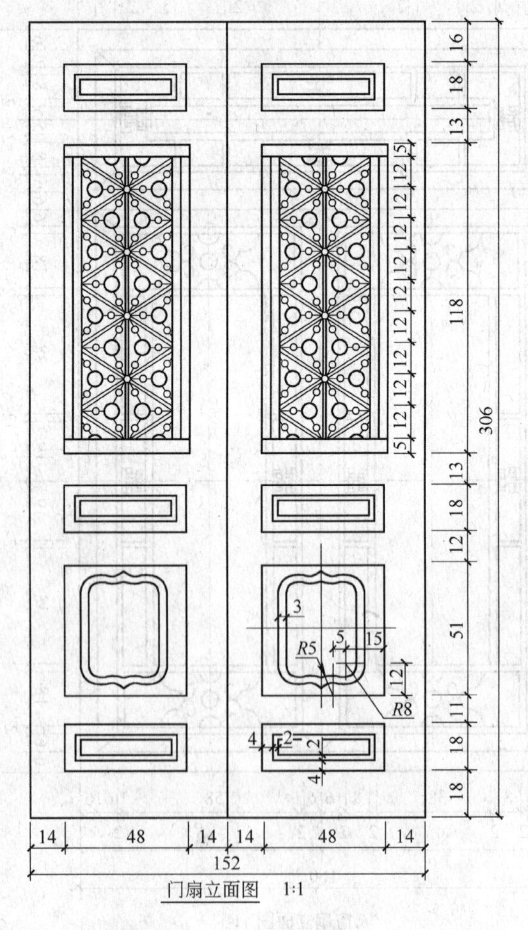

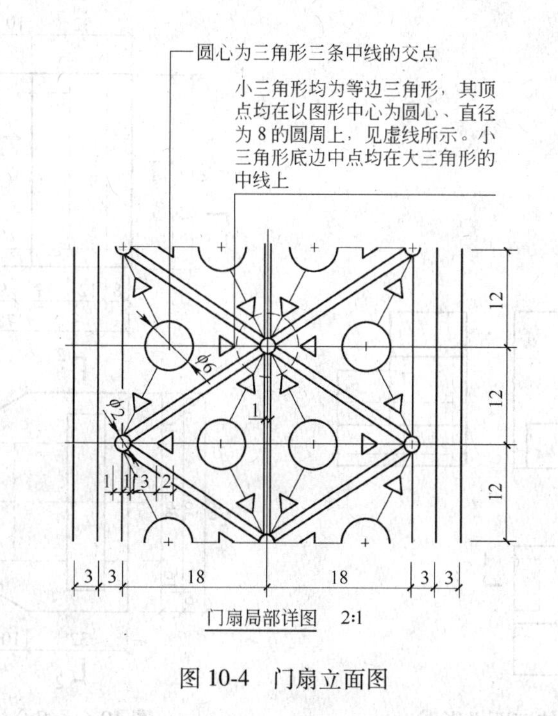

图 10-4 门扇立面图

注解：这道题考核考生综合利用计算机软件绘图的能力，利用的绘图命令包括：直线、圆、矩形、圆弧等；编辑命令包括偏移、修剪、延伸、镜像、复制、移动、删除等；同时参照第 4 章尺寸标注方法。

10.7 抄绘组合体三面投影图及补画剖面图

10.7.1 抄绘组合体的三面投影图

抄绘组合体的三面投影图，并在指定位置求画其 1—1、2—2 剖面图，如图 10-5 所示（比例 1∶1；材料为普通砖；全图不标注尺寸）。

注解：掌握三视图的投影规律，具备补画剖面图的能力；利用直线、圆、图案填充的基本绘图命令；利用修剪、偏移、删除等编辑命令；依据“长对正、高平齐、宽相等”的投影规律；巧用对象捕捉、对象追踪命令。

10.7.2 抄绘组合体的两面投影图

抄绘组合体的两面投影图，并求画其 1—1、2—2 剖面图，如图 10-6 所示（比例 1∶1；材料为普通砖；全图不标注尺寸）。

注解：

（1）掌握三视图的投影规律，具备补画剖面图的能力。

（2）利用直线、图案填充的基本绘图命令。

（3）利用修剪、偏移、删除等编辑命令。

（4）依据“长对正、高平齐、宽相等”的投影规律，巧用对象捕捉、对象追踪命令。

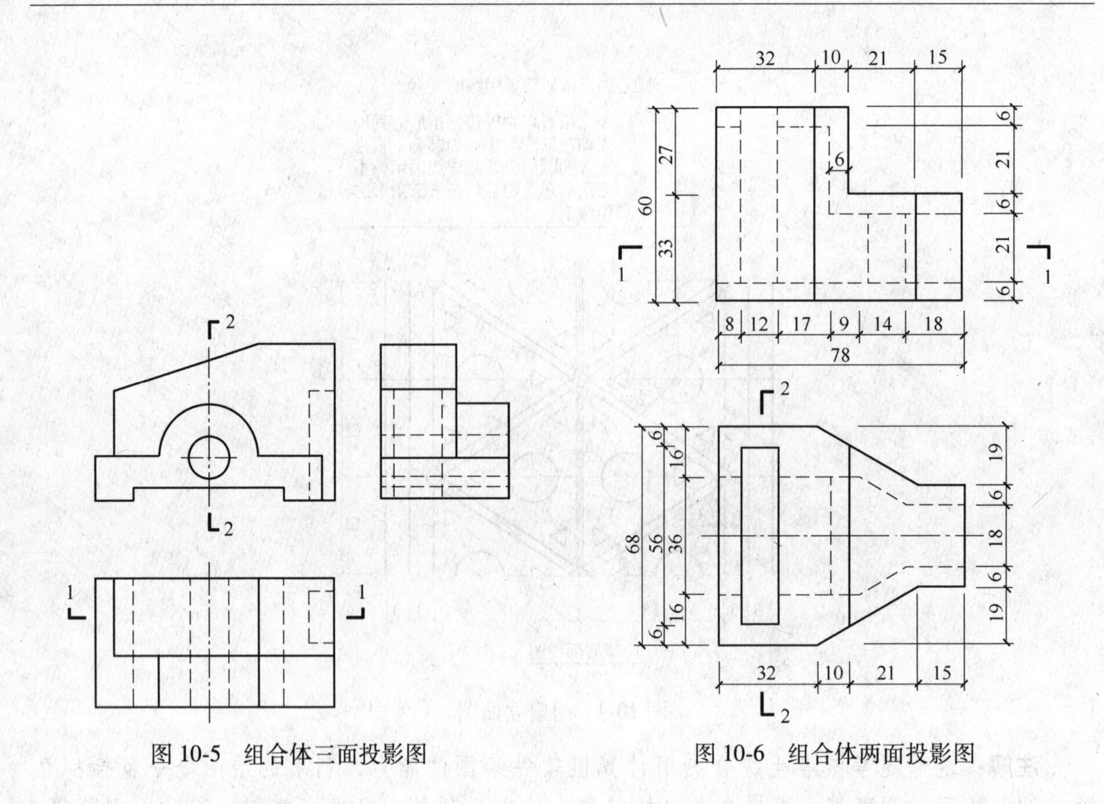

图 10-5 组合体三面投影图

图 10-6 组合体两面投影图

10.8 建筑平面图的绘制

（1）绘制建筑平面图（墙厚为 200），如图 10-7 所示。

1）绘图比例 1∶100；墙厚均为 200，轴线居中。

2）标注所有尺寸、标高及文字。

3）线型、字体、尺寸应符合现行房屋建筑制图国家标准；不同的图线应放在不同的图层上。

4）图中未标注部位尺寸自定。

注解：掌握现行房屋建筑制图国家标准，掌握建筑施工图的基本知识，强化读图能力；掌握文字样式、标注样式、多线样式的设置；基本绘图命令、编辑命令的综合运用；参照第 5 章建筑平面图的绘制步骤。

（2）绘制建筑平面图（墙厚为 370），如图 10-8 所示。

1）绘图比例 1∶100；外墙后均为 370，内墙后均为 240。

2）标注所有尺寸、标高及文字。

3）线型、字体、尺寸应符合现行房屋建筑制图国家标准；不同的图线应放在不同的图层上。

4）图中未标注部位尺寸自定。

注解：掌握现行房屋建筑制图国家标准，掌握建筑施工图的基本知识，强化读图能力；掌握文字样式、标注样式、多线样式的设置；基本绘图命令、编辑命令的综合运用；参照第 5 章建筑平面图的绘制步骤。

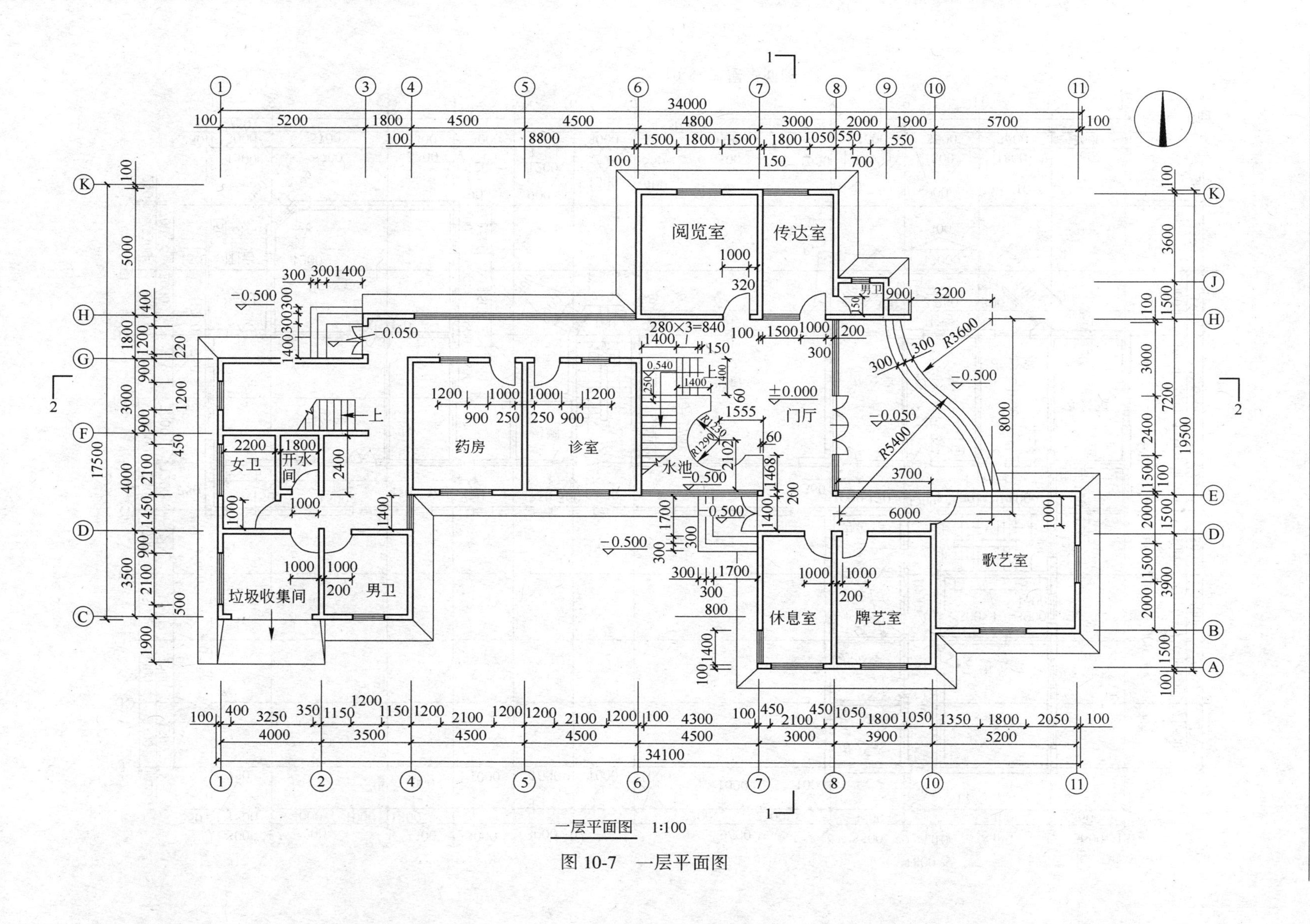

图 10-7　一层平面图

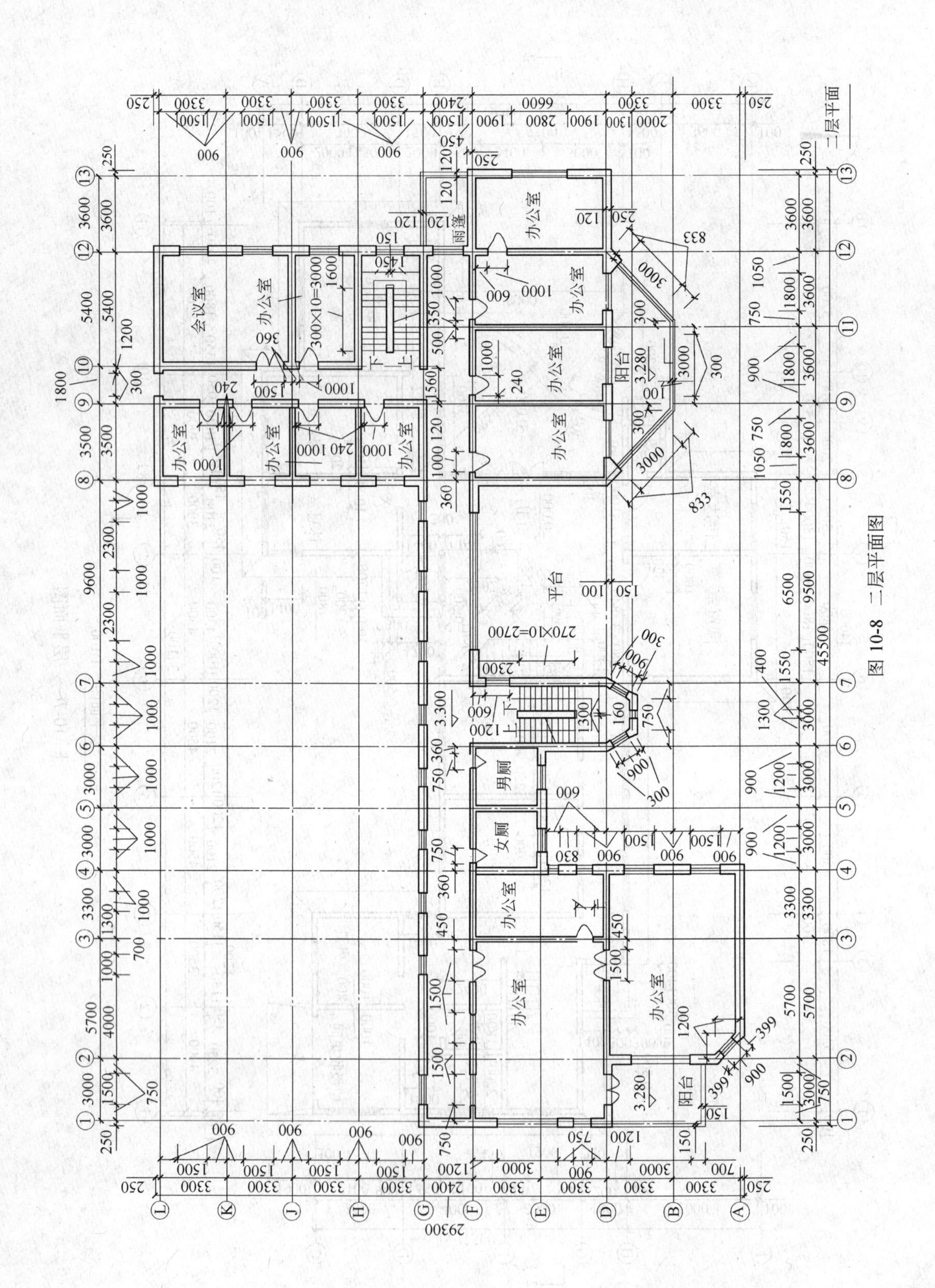

图 10-8　二层平面图

思考与能力训练题

10-1　绘制图 10-9~图 10-14 所示的平面图形。

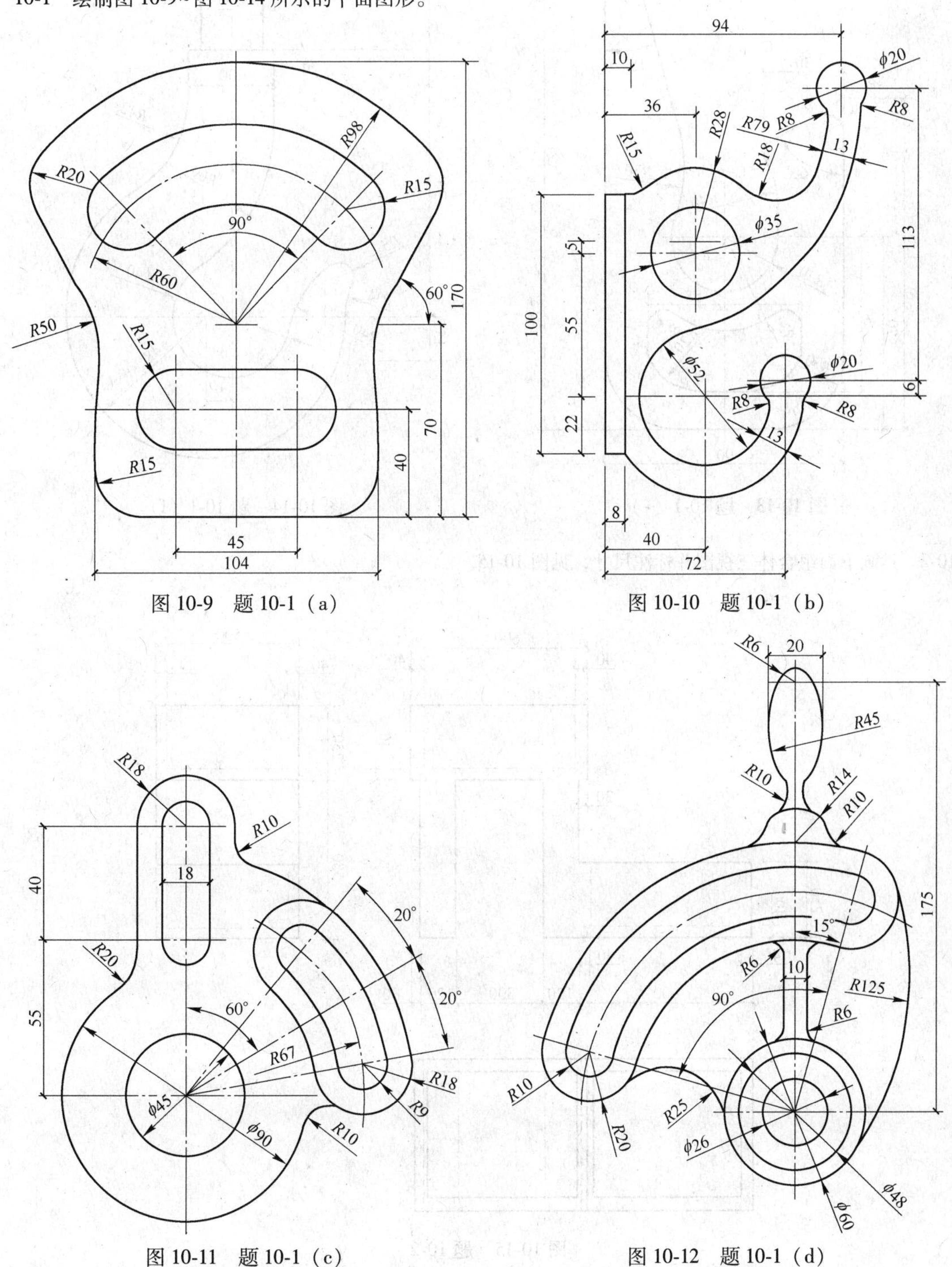

图 10-9　题 10-1（a）

图 10-10　题 10-1（b）

图 10-11　题 10-1（c）

图 10-12　题 10-1（d）

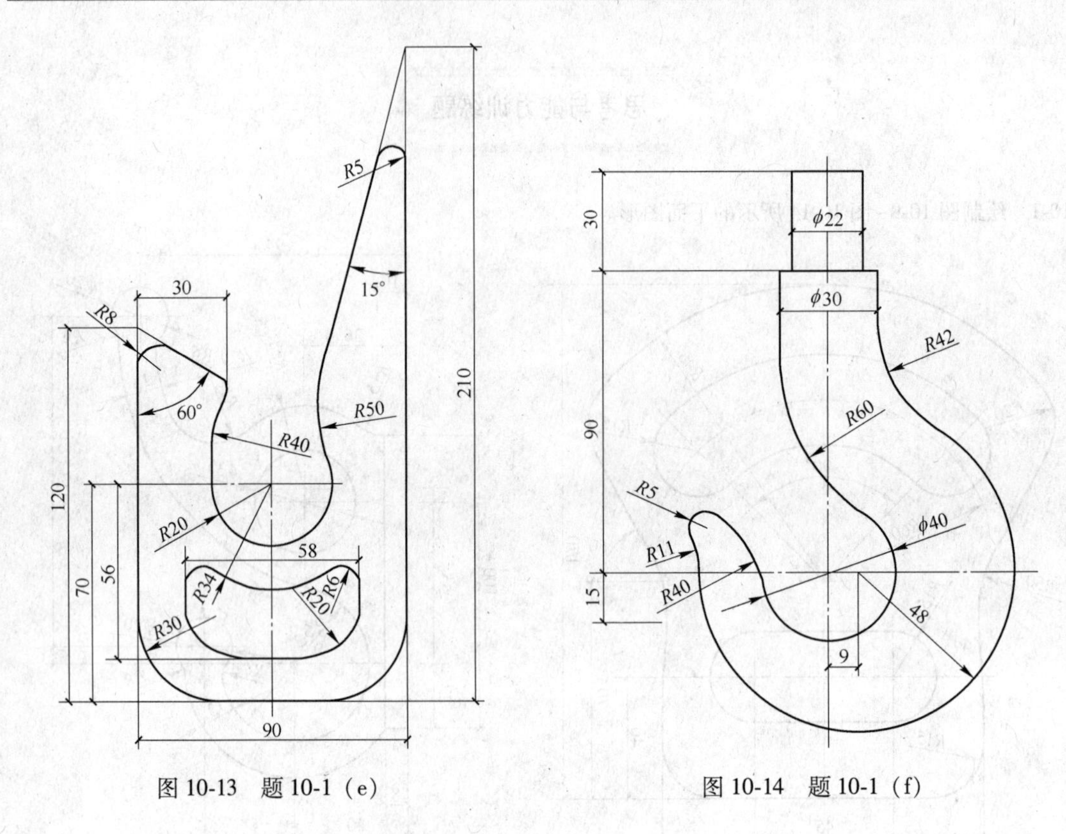

图 10-13　题 10-1（e）

图 10-14　题 10-1（f）

10-2　抄画下面组合体三视图并标注尺寸，见图 10-15。

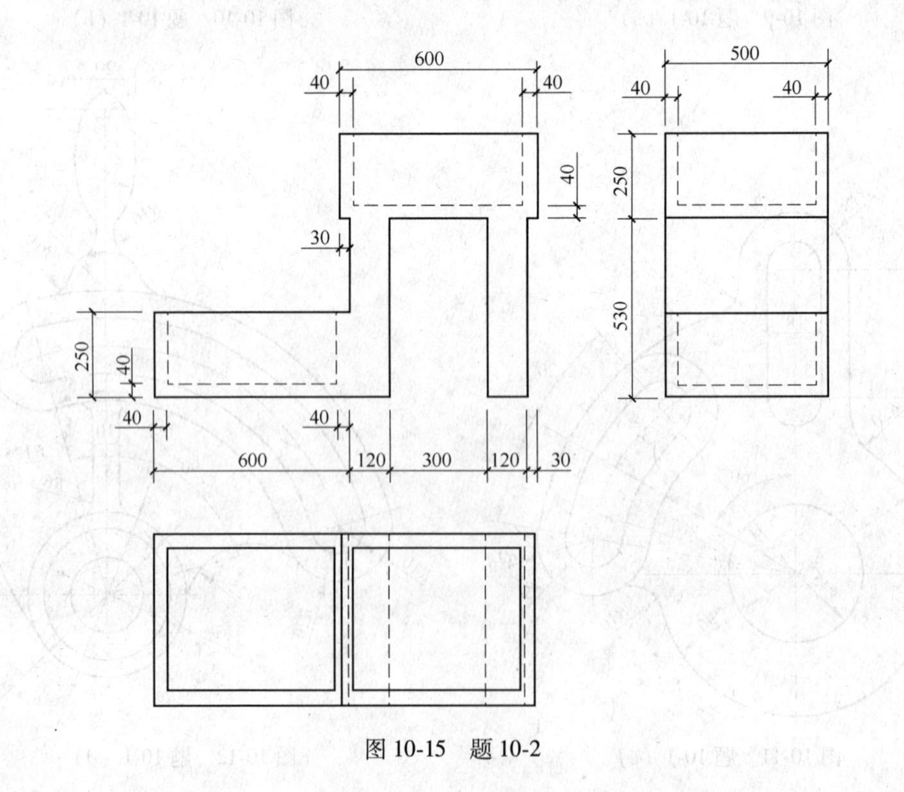

图 10-15　题 10-2

10-3 绘制下面建筑平面图，如图 10-16、图 10-17 所示。

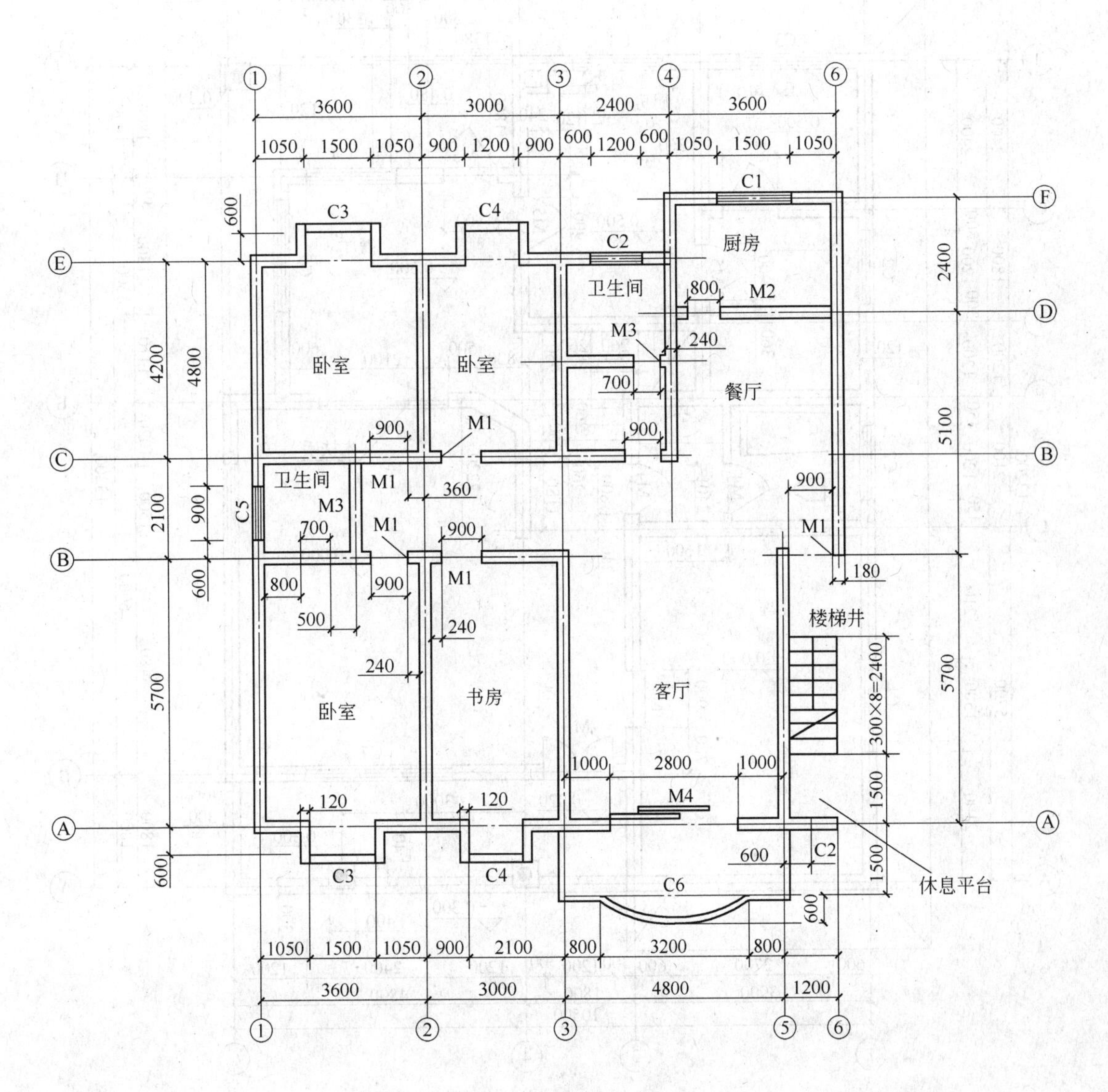

图 10-16 题 10-3（a）

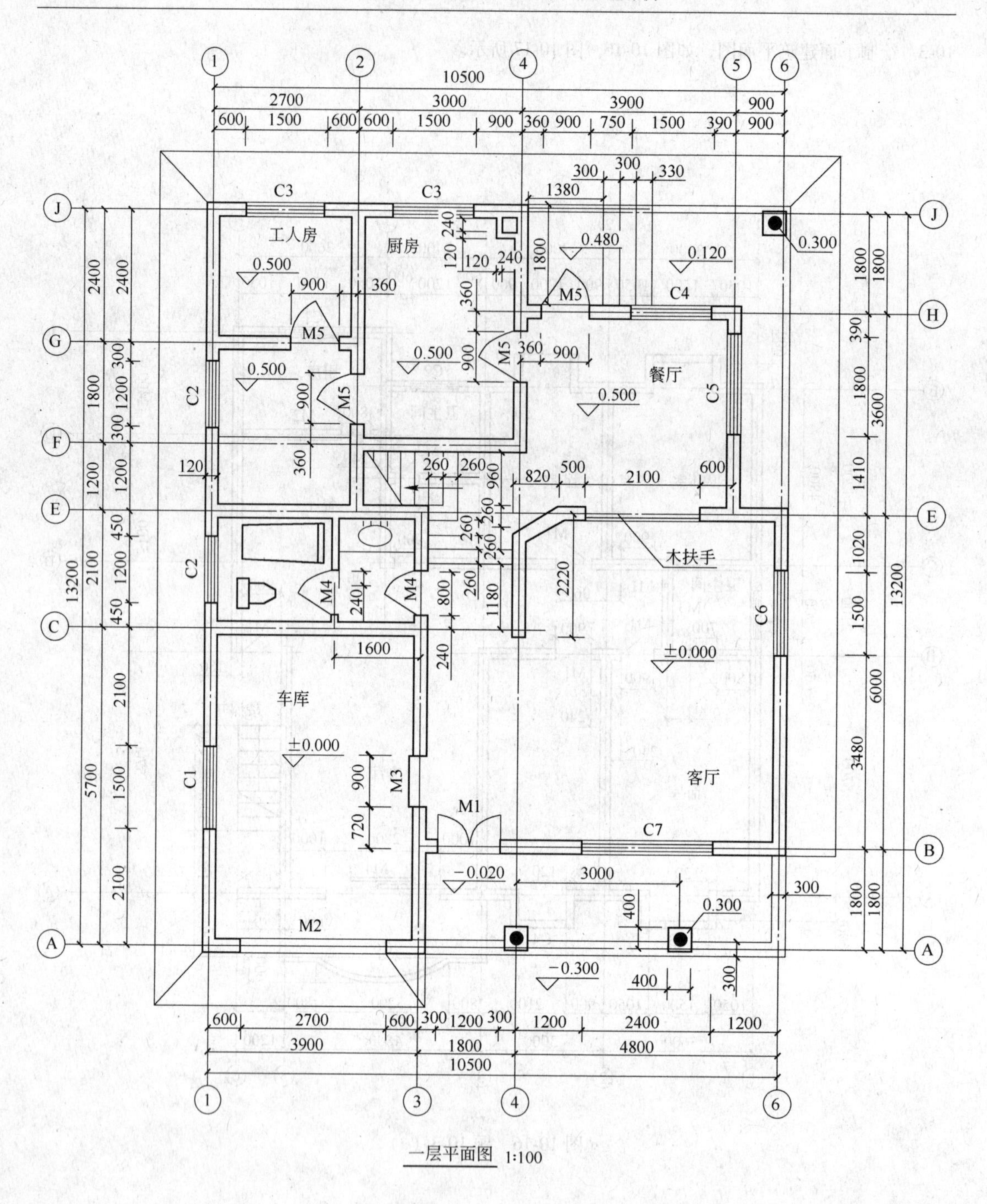
一层平面图 1:100
工人房
厨房
餐厅
车库
客厅
木扶手
C1
C2
C3
C4
C5
C6
C7
M1
M2
M3
M4
M5
±0.000
-0.020
-0.300
0.300
0.480
0.500
0.120
10500
13200

图10-17 题10-3（b）

附录　AutoCAD 常用命令

图形绘制命令

序　号	命　令	命令功能	命令简写
1	Arc	绘制弧	A
2	Circle	绘制圆	C
3	Donut	绘制圆环	DO
4	Dtext	注写单行文本	DT
5	Hatch	图案填充	H
6	Line	绘制直线	L
7	Mtext	注写多行文本	T
8	Pline	绘制多段线	PL
9	Polygon	绘制正多边形	POL
10	Point	绘制点	Po
11	Rectangle	绘制矩形	REC
12	Spline	绘制样条曲线	SPL
13	Style	设置文字样式	ST
14	Mline	绘制多线	ML

图形编辑命令

序　号	命　令	命令功能	命令简写
1	Array	阵列	AR
2	Block	创建块	B
3	Chamfer	倒角	CHA
4	Copy	复制	CO
5	Ddedit	文本编辑	ED
6	Dimcontinue	连续标注	DCO
7	Dimlinear	线性标注	DLI
8	Dimstyle	设置标注样式	D
9	Erase	删除	E
10	Explode	分解	X
11	Extend	延伸	EX
12	Fillet	圆角	F
13	Find	文本替换	
14	Insert	插入块	IN

续表

序　号	命　令	命令功能	命令简写
15	Layer	设置图层	LA
16	Limits	设置图形界限	
17	LineType	线型	LT
18	Ltscale	线型比例	LTS
19	Matchprop	特性匹配	MA
20	Mirror	镜像	MI
21	Move	移动	M
22	Offset	偏移	O
23	Oops	删除恢复	
24	Pedit	多段线编辑	PE
25	Properties	特性	MO
26	Redraw	视图重画	R
27	Regen	图形重生成	Re
28	Redo	重做	
29	Rotate	旋转	RO
30	Scale	缩放	SC
31	Stretch	拉伸	S
32	Trim	修剪	TR
33	U	放弃	U
34	Undo	多重放弃	
35	Wblock	块存盘	W

查询与管理命令

序　号	命　令	命令功能	命令简写
1	Area	查询面积和周长	AA
2	Dist	查询距离	DI
3	List	列出图形数据库信息	LI
4	ID	识别图形坐标	
5	Adcenter	图形信息管理器	ADC

图形输出命令

序　号	命　令	命令功能	命令简写
1	Plot	打印设置并输出	
2	PlotterManager	打印机配置	
3	StylesManager	创建打印样式	

参 考 文 献

[1] 夏玲涛 . 建筑 CAD [M] . 北京：中国建筑工业出版社，2014.

[2] 夏志新 . 中文版 AutoCAD2011 建筑制图案例教程 [M] . 北京：航空工业出版社，2012.

[3] 巩宁平，陕晋军，邓美容 . 建筑 CAD [M] . 北京：机械工业出版社，2013.

[4] 高恒聚 . 建筑 CAD [M] . 北京：北京邮电大学出版社，2013.

[5] 刘吉新 . 建筑 CAD [M] . 哈尔滨：哈尔滨工业大学出版社，2012.

[6] 李益 . 建筑工程 CAD 制图 [M] . 北京：北京理工大学出版社，2012.

[7] 孙晓丽，张东生 . 建筑工程 CAD [M] . 北京：北京理工大学出版社，2011.

[8] 中国图学学会 . 全国 CAD 技能等级考试题集 . 2010.

冶金工业出版社部分图书推荐